DR.MED.VET.
JÜRGEN BARTZ

Bis der Tierarzt kommt

DR.MED.VET.
JÜRGEN BARTZ

Bis der Tierarzt kommt

Erste Hilfe für Pferde

Unter der wissenschaftlichen Beratung von Herrn Prof. Dr. H. Gerhards und Frau Dr. Bettina Wollanke, Chirurgische Tierklinik der Universität München (Vorstand: Prof. Dr. H. Gerhards)

Franckh-Kosmos

IMPRESSUM

Zeichnungen von Silke Ehrenberger, Dossenheim
Fotonachweis: siehe Seite 142
Umschlaggestaltung von Atelier Jürgen Reichert, Stuttgart, unter Verwendung von Fotos von Ina Kaufmann

Die Deutsche Bibliothek – CIP-Einheitsaufnahme

Bartz, Jürgen:
Bis der Tierarzt kommt : Erste Hilfe für Pferde / Jürgen Bartz. Unter der wiss. Beratung von H. Gerhards und Bettina Wollanke. [Zeichn. von Silke Ehrenberger]. – Stuttgart : Franckh-Kosmos, 1996
ISBN 3-440-07127-8

Über den Autor:

Dr. med. vet. Jürgen Bartz studierte Tiermedizin in Hannover. Nach Praktika in England und Island promovierte er über „Stallstaub in Pferdeställen". Selbst Reiter und Pferdehalter, ist er heute im Pferde- und Kleintierbereich und als Distanztierarzt tätig und schreibt für Fachzeitschriften und Zeitungen.

Die Hinweise erfolgen nach bestem Wissen und Gewissen. Sie entbinden den Pferdehalter nicht von der Eigenverantwortung für sein Tier und können die tierärztliche Untersuchung nicht ersetzen.

ISBN 3-440-07127-8
Lektorat: Sigrid Eicher
Herstellung: Lilo Pabel
Printed in Italy/Imprimé en Italie
Satz: Steffen Hahn GmbH, Kornwestheim
Druck: Printer Trento S.r.l., Trento

INHALT

INHALT

Zum Aufbau dieses Buches

Dieses Buch ist für ausgesprochene Notfallsituationen gedacht, in die jeder geraten kann, der mit Pferden zu tun hat. Was in der Zeit, **bis der Tierarzt kommt**, getan oder unterlassen wird, kann über Gesundheit oder bleibende Schäden, sogar über Leben oder Tod entscheiden.

Eine große Verantwortung für einen medizinischen Laien. Damit jeder auf Anhieb die richtigen Informationen findet, ist der **Erste-Hilfe-Teil** des Buches nach den Symptomen aufgebaut, die für jeden erkennbar sind. Diese sind wiederum unterteilt nach den Körperbereichen, an denen sie auftreten:

- **Kopf und Hals**
- **Rumpf**
- **Gliedmaßen**

Und da es noch einige Erkrankungen gibt, die in diesem Raster nicht unterzubringen sind, werden sie ergänzt durch drei weitere Kapitel:

- **Hauterkrankungen und Wunden**
- **Stute und Fohlen**
- **Allgemeinbefinden**

Diese sechs Kapitel mit insgesamt 55 Notfallsituationen sind durch einen roten „Balken“ oben an der Seite gekennzeichnet – auch dies ein Erkennungszeichen, das das Auffinden erleichtert.

Innerhalb der Kapitel sind die in Frage kommenden Erkrankungen alphabetisch aufgelistet, aber selbst wenn Sie anfangs nicht wissen, was Ihrem Pferd fehlen könnte, genügt ein Blick auf die bewußt knapp gefaßten Symptome in der linken Randspalte, um schnell herauszufinden, auf welche Art von Erkrankung oder Verletzung sie hinweisen, so daß Sie wissen, wie Sie sich verhalten sollen.

Dies sind die wichtigsten Kapitel, wenn die Zeit drängt und Sie einem kranken oder verletzten Pferd schnellstmöglich Erste Hilfe leisten wollen. Um diese Informationen so knapp und übersichtlich wie möglich halten zu können, sind bestimmte Themenbereiche in Extrakapiteln zusammengefaßt:

- Welche Informationen braucht der Tierarzt vorab?
- Helfen ohne Risiko
- Notfallapotheke
- Wunden und Verbände
- Gefahrenquellen erkennen und beseitigen
- Erste Hilfe für Reiter
- Die Rechtslage

Hinweise darauf finden sich bei den betreffenden Notfallmaßnahmen.

Welche Informationen braucht der Tierarzt vorab?

Oft stellt sich dem Reiter, Pferdehalter oder Pfleger die Frage, ob hinter dem geringfügig veränderten Verhalten seines Pferdes eine Erkrankung steckt oder es einfach nur müde ist. Diese Unsicherheit kann einerseits dazu führen, daß der Tierarzt in guter Absicht ohne Grund bemüht wird (womöglich noch am Wochenende) und damit für vielleicht ernstere Fälle bei anderen Patienten blockiert ist.

Andererseits kann die Bagatellisierung und Verschleppung einer ernsten Krankheit aber auch sehr gefährlich werden.

Idealerweise sollte jeder, der für Pferde verantwortlich ist, eine kurze orientierende Grunduntersuchung vornehmen können. Dazu gehört:

Das äußere Erscheinungsbild

Glattes, glänzendes Fell ohne Verletzungen oder Schwellungen?

Klare Augen, saubere, trockene Nüstern?

Beine kühl und klar, ohne Schwellungen und Verdickungen?

Unversehrte Hufe, auch von unten?

Das Verhalten

Normale Bewegungen?

Appetit und Trinkverhalten normal?

Kot- und Harnabsatz in Ordnung?

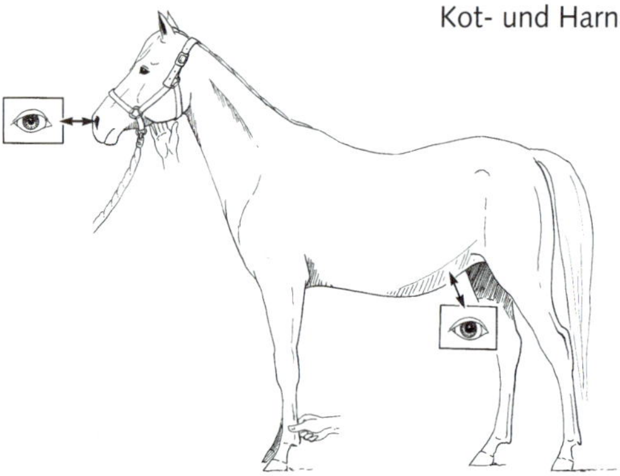

Puls fühlen: Am Unterkiefer oder Fesselkopf. Atemfrequenz erfassen: Nüsternbewegung von vorne, Flankenbewegung von hinten beobachten. Jeweils 15 Sekunden zählen, Ergebnis mit vier multiplizieren.

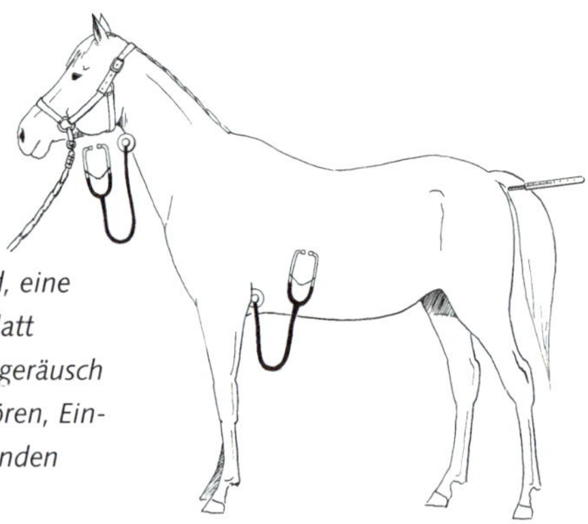

Leichter mit Stethoskop: Herztöne an der linken Brustwand, eine Hand breit über dem Ellbogenhöcker, unter dem Schulterblatt abhören. Ein Doppelton („buh-dupp") 1 Herzschlag. Atemgeräusch an der Luftröhre eine Hand breit unter dem Kehlkopf zu hören, Ein- und Ausatmung 1 Atemzug. Pferd kurz beruhigen, 15 Sekunden zählen, Ergebnis mit vier multiplizieren.

Die **Temperatur** mißt man am besten mit einem **Digitalthermometer**. Auf Anzeichen von Durchfall am Hinterkörper des Pferdes achten! Leichter als mit Augen und Händen erfaßt man **Puls** und **Atmung** mit einem **Stethoskop**. Die einfachste Ausführung reicht für diesen Zweck (Apotheke, Sanitätshaus, Tierarzt). Die individuellen Normalwerte des eigenen Pferdes sollte man schon vor dem Ernstfall kennen, um geringfügige Abweichungen später besser einschätzen zu können.

Bei Verdacht auf Lahmheit läßt man sich das Pferd zunächst im Schritt, dann im Trab vorführen (s. S. 76, „Lahmheit").

Ist bereits im Stand oder im Schritt eine Lahmheit zu erkennen, Pferd sofort ruhigstellen. **Keine weitere Bewegung bis zur Klärung der Ursache!**

Im Zweifelsfall ruft man den Tierarzt lieber einmal zuviel als zuwenig. Aber auch für diesen ist die Situation am Telefon leichter einzuschätzen, wenn man ihm die **Grundinformationen** liefern kann:

- Werte für Puls, Atmung und Temperatur (siehe Kasten).
- Korrekte Benennung der erkrankten Körperregion.

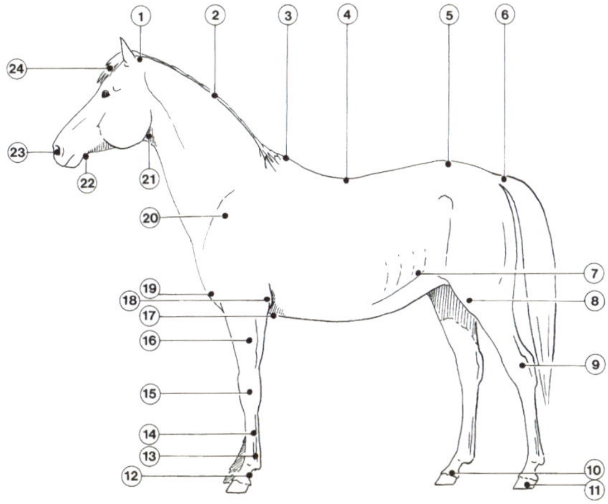

PAT-Normwerte

Herzfrequenz:
28–40 Schläge/Minute
Atmung: 8–16 Atemzüge/Minute
Körpertemperatur:
37,0–38,0 °C

Vorsicht!

1. *Genick*
2. *Mähnenkamm*
3. *Widerrist*
4. *Sattellage*
5. *Kruppe*
6. *Schweifansatz*
7. *Rippenbogen*
8. *Kniegelenk*
9. *Sprunggelenk*
10. *Kronrand*
11. *Huf*
12. *Fesselbeuge*
13. *Fesselgelenk*
14. *Röhre*
15. *Vorderfußwurzelgelenk*
16. *Vorarm*
17. *Unterbrust*
18. *Ellbogenhöcker*
19. *Bug oder Vorderbrust*
20. *Schulter*
21. *Ganasche*
22. *Kinngrube*
23. *Nüstern*
24. *Stirn*

Helfen ohne Risiko

Einem verletzten oder in eine Notlage geratenen Pferd Erste Hilfe zu leisten ist ein Gebot der Menschlichkeit und des Tierschutzes. Trotzdem stellt sich bei aller Hilfsbereitschaft die Frage nach den Sicherheitsbelangen des Helfers.

Mit heftiger Abwehr ist bei verunglückten Pferden häufig zu rechnen. Schmerz, Angst und Reiter, die selbst in Panik geraten, verunsichern Pferde sehr.

Von einer sachgerechten Ersten Hilfe kann ein Pferd aber nur dann profitieren, wenn es auch im Ernstfall kooperativ bleibt. Dies gilt natürlich ebenfalls für die spätere tierärztliche Endversorgung: Ein zappelnder, tobender Patient wird schwere Schäden, Schmerzen oder gar den Tod erleiden.

Gute Erziehung ist Voraussetzung für Kooperation:

- Williges Hergeben aller vier Hufe.
- Berührung wird am ganzen Körper geduldet.
- Angebundensein ist selbstverständlich.
- Ruhiges Stehen in jeder Situation.
- Verladefromm auch unter Streß.

Diese Grundlagen müssen fest verankert sein und auf einem Erziehungsstil basieren, der Einsicht und Mitdenken des Pferdes fördert, keinen stupiden Gehorsam erzwingt und Autorität aus Vertrauen erwachsen läßt. Das bedeutet aber eben nicht, daß der Mensch in der Rangordnung unter seinem Pferd steht. Bei der Ersten Hilfe wird er sein Tier gelegentlich zu dessen eigenem Wohl zwingen müssen, unangenehme oder schmerzhafte Eingriffe kurzfristig zu tolerieren. Auf diese Maßnahmen darf ein Pferd zwar mit Ausweichmanövern, nie aber mit Aggression reagieren.

Selbstverständlich wird ein ausgeglichenes Pferd, dessen artgemäßes Bedürfnis nach Bewegung und Sozialkontakten nicht nur auf Gitterstäbe stößt, auch in Notsituationen leichter zu handhaben sein als ein überdrehtes „Sportgerät".

Grundregeln für den sicheren Umgang mit Pferden bei der Ersten Hilfe:

Personen

- pferdeerfahren, zuverlässig und körperlich robust (Kinder oder Gebrechliche „mal eben festhalten" zu lassen ist unverantwortlicher Leichtsinn!).
- Alle achten auf die Anweisungen der erfahrenen Person.
- Helferzahl auf ein Minimum reduzieren.
- Schaulustige nachdrücklich wegschicken.

Ausrüstung

- Menschen: festes Schuhwerk, Handschuhe (!), ggf. Gerte.
- Pferd: Zaumzeug mit Gebiß und Führseil oder stabilem Stallhalfter, am besten mit Führkette.
- Nie ohne Führseil oder Führkette arbeiten! Man braucht Spielraum, um Ausweichbewegungen des Pferdes nachzugeben.

Räumlichkeit

- Boden rutschfest und trocken.
- Decke in pferdesicherer Höhe.
- Kontakt zu anderen Pferden nur bei Stuten mit Fohlen oder Klebern; diese stehen dann meist ruhiger.
- Ansonsten bedeuten versehentliche Berührungen der Pferde mit Rangeleien höchste Gefahr für dazwischenstehende Menschen.
- Ausweichmöglichkeit für alle Helfer.
- Helfer vor Schlägen schützen.
- Engpässe meiden (Tore, Zäune, Raumecken, Gerümpel, Werkzeuge).
- Vorteil der Untersuchung oder Behandlung in der Box: Pferd kann nicht ausweichen, fühlt sich in der gewohnten Umgebung sicher, ist daher ruhiger.
- Nachteil: räumliche Enge, Helfer können schlecht ausweichen.
- Vorteil des Anbindens: bei sehr sturen Pferden oft hilfreich (stabiles Halfter, dicker Strick).
- Nachteil: bei sensiblen, ängstlichen Tieren nicht empfehlenswert, Gefahr von Panikreaktionen.
- Notfälle ohne weitere Helfer: Patient durch Anbindung mit zwei Stricken rechts und links am Halfter provisorisch sichern.

Fixierung des Pferdes

- Hilfsperson (die den Ersthelfer unterstützt) steht seitlich am Kopf, nicht frontal vor dem Pferd,
- wirkt situationsabhängig beruhigend oder maßregelnd auf den Patienten ein,
- läßt auch dann nicht los, wenn das Pferd zappelt.
- Zweite Hilfsperson nimmt bei Arbeiten am linken Vorderbein das rechte Vorderbein hoch und umgekehrt.
- Arbeiten an den Hinterbeinen oder an der hinteren Hälfte des Pferdekörpers (Fiebermessen): Helfer steht immer neben, nicht hinter dem Pferd, Hilfsperson nimmt das gleichseitige Vorderbein hoch.
- **Wichtig:** den aufgehobenen Huf in keinem Fall plötzlich loslassen, denn dann gerät der Ersthelfer in den Schlagbereich.
- Kann die Hilfsperson das Bein nicht mehr halten, muß sie den Ersthelfer durch Zuruf warnen.
- Arbeiten an Beinen und Unterbauch: Nach Möglichkeit nicht in die Hocke gehen, Knie gerade, nur der Oberkörper beugt sich vor.
- Arbeiten an der hinteren Hälfte des Pferdes: Rücken zum Kopf des Pferdes wenden, nicht zur Hinterhand.

Hilfsmittel

- Nasenbremse (mit dickem Seil): bei Arbeiten an den Hinterbeinen sinnvoll; löst akupressorische Ausschüttung körpereigener Endorphine aus, die eine beruhigende Wirkung haben und den Blick des Pferdes nach etwa einer Minute glasig und entspannt werden lassen.
- Spannstrick (wie er etwa Stuten zum Decken an der Hand angelegt wird): Verknotung vor der Brust muß mit einem Handgriff leicht zu lösen sein.
- Hochbinden eines Vorderbeines: Diese Maßnahme löst oft Panik aus, bei drohendem Sturz des Pferdes muß das (ausreichend dicke) Seil leicht zu öffnen sein. Nur im Notfall anwenden.
- Blenden durch Abdecken der Augen mit Tüchern: Nicht empfehlenswert.
- Untersuchungsstand: bietet den besten Schutz, ermöglicht es notfalls auch einer Einzelperson, sichere Erste Hilfe zu leisten.

Achtung!

Die angeratenen Maßnahmen sind nur eine Grundabsicherung, die natürlich den besonderen Umständen des Einzelfalles anzupassen ist! Auch hat man nur im Idealfall genügend Helfer und Hilfsmittel zur Hand. Bei Ausritten und in ähnlichen Situationen wird man in der Regel notgedrungen improvisieren müssen. Hier gilt es dann abzuwägen, ob man ein vertrautes und ruhiges Pferd mit geringen Sicherheitsmaßnahmen trotzdem versorgen kann, oder umgekehrt bei einem nicht handhabbaren Tier trotz mehrerer Helfer nicht eingreift. Die Unversehrtheit des Menschen hat immer Vorrang.

Unter den vorgenannten Sicherheitsaspekten sollten auch alle sonstigen, alltäglichen Handgriffe am Pferd, etwa das Putzen, Satteln und Führen, überdacht werden. Versicherungsgesellschaften bestätigen, daß die Mehrzahl der schweren Unfälle mit Pferden nicht beim Sturz von deren Rücken, sondern im Umgang geschieht.

Recht auf Sicherheit

Auch Tierarzt und Schmied haben ein Anrecht auf einen sicheren Arbeitsplatz. Der genannte stabile Untersuchungsstand ist eine ganz wesentliche Einrichtung, um sich vor den potentiell tödlichen Tritten eines Pferdes zu schützen, vor allem bei der rektalen Untersuchung (Kolik, Trächtigkeitskontrolle). Die Statistik der Berufsgenossenschaft zeigt, daß alljährlich Tierärzte in Ausübung ihres Berufes zu Tode kommen. Zu Recht lehnen sie daher gefährliche Untersuchungen ohne Sicherung ab.

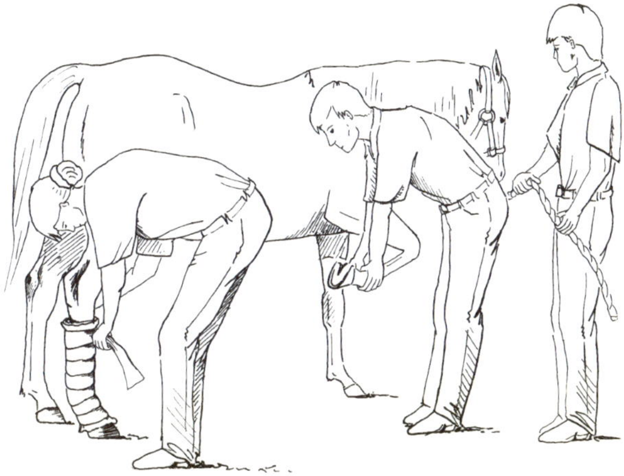

Auch die Helfer sollen den Notfall überleben! Daher: Pferd bei risikoreichen Hilfsmaßnahmen oder Widersetzlichkeit fixieren.

Notfallapotheke

Die traditionelle Stallapotheke ist für harmlosere Erkrankungen konzipiert: Salben, Tropfen und Kühlgels erfüllen überwiegend lindernde Funktionen und kommen dem verständlichen Bedürfnis des Pferdehalters nach Pflege und Behandlung der ihm anvertrauten Tiere entgegen. Bei ernsthaften Erkrankungen und sonstigen Notfällen hingegen muß der Tierarzt ohnehin bemüht werden.

Gerade in solchen Notsituationen kann der Reiter und Pferdehalter in der Zwischenzeit einiges tun, um Schäden und Schmerzen von seinem Tier abzuwenden. Und gerade dafür sind in den seltensten Fällen geeignete Materialien vorhanden. Erfahrungsgemäß werden besonders innere Erkrankungen und Verletzungen jeder Art bei Pferden zu Notfällen. Daher sollte die Stallapotheke folgendes enthalten:

Innere Krankheiten

Innere Krankheiten kann der Laie nicht behandeln. Um die Situation im Zweifelsfall aber besser einschätzen zu können (s. S. 8 f.), sollten vorhanden sein:

- **Digitalthermometer**, zur Erfassung der Körpertemperatur
- **Stethoskop**, zum Messen der Herz- und Atemfrequenz

Äußere Verletzungen

Verletzungen jeder Art, besonders an den Beinen, bedeuten Blutverlust und Wundinfektionen (s. S. 16 ff.). Die Abdeckung mit einem Verband ist daher bis zum Eintreffen des Tierarztes wichtig. Die benötigten Verbandstoffe müssen pferdegerechte Größen haben und leicht zu verarbeiten sein. Es ist eine gefährliche Fehleinschätzung, daß Laien in dramatischen Notfällen, etwa bei einer lebensbedrohlichen Blutung, kunstvolle Bandagierungen knüpfen oder mit alltäglichen Hilfsmitteln zügig improvisieren könnten.

Pferdegerechte Verbandstoffe können über Tierarztpraxen oder den Fachhandel erworben werden. Der Preis ist recht hoch, steht aber in keinem Verhältnis zu den vermehrten Tierarztkosten durch eine mangelhafte Erste Hilfe. In Stallgemeinschaften bietet sich ein gemeinsamer Notfallkoffer an.

Achtung!

Der Inhalt eines Autoverbandkastens ist für die Versorgung größerer Wunden am Pferd völlig unzulänglich.

Verbandstoffe

- Mehrere **sterile Wundabdeckungen**, nicht fusselnd und nicht mit der Wunde verklebend, etwa 10 x 20 cm groß (Cutinova, Metalline, Zetuvit).
- **Polstermaterial:** Es reicht beliebige Verbandwatte in etwa 40 cm hohen Rollen, praktischer ist aber beidseitig mit Gaze bespannte Verbandwatte (Verbandmull, Mullkompresse), die nicht fusselt (Equimoll, Mullkompresse für Pferde).

Achtung!

Kein Verband am Pferdebein ohne Polsterung (Abschnürgefahr, schwerste Gewebeschäden)!

- Einige Verbandbinden, etwa 10 cm hoch, elastisch, selbsthaftend (!) (Coheban, Pehahaft, Vetflex, Vetrap)
- **Gewebeklebeband:** flexibel, auch auf feuchtem Fell und Hufen haftend, ca. 5 cm breit (Fermoflex, Leukoplast)

Ergänzung

Schere, zum Schneiden der Verbandstoffe
Nasenbremse, mit dickem Strick, macht alle Arbeiten an den Beinen unzuverlässiger Pferde sicherer.

Wichtig!

Desinfektionsmittel und Medikamente werden für die Erste Hilfe grundsätzlich nicht benötigt (zwei Ausnahmen: s. entsprechende Textstellen). Sie können die Wundheilung verzögern oder das Bild für den behandelnden Tierarzt zum Nachteil des Pferdes verschleiern.

Wanderrittausrüstung

Eine selbsthaftende Bandage und ein fertig zugeschnittenes Stück Verbandmull (sollte für etwa drei Lagen um ein Pferdebein reichen) mit einer sterilen Wundabdeckung in einer sauberen Tüte in der Satteltasche mitführen. Kleinere bis mittlere Wunden werden damit bis zur Ankunft des Tierarztes, die sich gerade in fremder Umgebung verzögern kann, abgedeckt. Mit den Verbandpäckchen mehrerer Reiter können sogar große Wunden versorgt werden, auch bei Menschen.

Zur Gesundheitskontrolle steckt man außerdem ein Thermometer und ein Stethoskop ein.

Anmerkung

Verwendung der Verbandstoffe: unbedingt s. S. 16 ff. lesen. Mit den angegebenen Produkten liegen mir Erfahrungen vor, sonst auf **vergleichbare** Qualität achten.

Wunden und Verbände

Pferde verletzen sich ausgesprochen oft, vor allem an den Beinen. Außerdem sind sie für Wundinfektionen besonders anfällig. Daher ist es häufig erforderlich, Verbände anzulegen.

Als harmlos gelten bei einem gegen Tetanus geimpften Pferd in der Regel nur kleine Schrammen, die nicht durch die Oberhaut dringen und ohne Verschmutzung sind (s. S. 90 f.). Nur solche kann man einfach an der Luft ausheilen lassen.

Achtung! **Verschlechtert sich das Aussehen der Wunde oder deren Umgebung an den Folgetagen, treten Entzündungen, Lahmheiten oder Schwellungen auf, ist der Tierarzt umgehend zu verständigen.**

Alle anderen Wunden bringt man umgehend unter einen Verband und verständigt sicherheitshalber den Tierarzt. Auch kleine, unspektakuläre Wunden brauchen Schutz vor Infektionen. Dies lohnt sich in jedem Fall auch dann, wenn die Wartezeit auf den Tierarzt nur kurz ist. Durch den Wundkanal dringen immer mehr Keime in den Körper, besonders an den verschmutzungsgefährdeten Beinen. Dort sind auch besonders viele sensible Bereiche in der Tiefe, etwa Sehnenscheiden, Gelenke, Nerven und Blutgefäße. Deren Beeinträchtigung erkennt nur der Tierarzt.

Neben dem Schutz vor Verschmutzung hält der Verband die Wunde feucht und verhindert das Anschwellen der Ränder. Die spätere Wundnaht wird dadurch wesentlich vereinfacht. Außerdem bewirkt eine Ruhigstellung von Wunde und Umgebung, daß der **Schmerz** nachläßt und das Pferd sich wohler fühlt.

Auch kleinste Wunden können zur Eintrittspforte für **Tetanuserreger** (s. S. 136 f.) oder **Einschuß** (s. S. 66 f.) werden. **Wichtig:** Trotzdem sollten keine Desinfektionsmittel angewendet werden. Sie reizen das Gewebe, behindern die Wundheilung und können empfindliche Tiefenschäden setzen.

Sind sie farbig, wird die Wunde überdies für die anschließende Beurteilung durch den Tierarzt unübersichtlich. Ebenfalls werden keine Salben vor der Beurteilung durch den Tierarzt aufgetragen.

Wundreinigung ist nur bei starken Verschmutzungen sinnvoll, **nie** bei frischen, sauberen Wunden. Diese berührt man nicht, sondern verbindet sie sofort steril. Eine dennoch vor Anlegen des Verbandes erforderliche Reinigung wird mit Trinkwasser, am besten aus dem Wasserschlauch, vorgenommen. Seifen und schmutzige Finger haben in der Wunde hingegen nichts zu suchen.

Wichtig!

Wenn die Wunde stark geblutet hat, läßt man sie trotz Verschmutzung natürlich ganz in Ruhe und verbindet sofort. Die richtige Erstversorgung der Wunde entscheidet wesentlich über den Erfolg der tierärztlichen Maßnahmen und damit über die Gesundheit des Pferdes.

Verbände lassen sich mit benutzerfreundlichen Materialien auch von Laien an fast allen Stellen des Pferdekörpers problemlos anbringen. Unbedingt schon vor dem Notfall üben!

Verbände bestehen aus drei Lagen (genaue Beschreibung der Verbandstoffe siehe S. 14 f.):

- Zuunterst eine **sterile Wundabdeckung**, die nicht fusselt oder klebt; diese legt man direkt auf die Wunde.
- Darüber reichlich **Polstermaterial** anbringen, beispielsweise drei Lagen Verbandwatte. Die bessere Alternative zur Verbandwatte ist Verbandmull, eine allseitig mit Gaze umhüllte Watte, die nicht mehr fusseln kann.

Wichtig!

Verbände an Pferdebeinen müssen großzügig gepolstert werden. Vor allem in der unteren Hälfte des Beines liegt die Haut dem Knochen ohne Schutz durch Muskulatur fast direkt auf und kann daher absterben, wenn der Verband nicht gepolstert wird.

- Über Polsterung als äußere Hülle des Verbandes eine oder mehrere **Bandagen** wickeln. Diesem Teil des Verbandes kommt große Bedeutung zu: Nur eine elastische und vor allem selbsthaftende (!) medizinische Bandage (Verbandbinde) kann auch in einer hektischen Situation, an einem unruhigen Pferd und mit mangelnder Übung angelegt werden, ohne gleich wieder abzurutschen und die Wunde erneut freizugeben. Mit einer üblichen Stallbandage oder billigen Leinenbinden kann der Laie dies im Ernstfall nicht leisten.

● Flexibles Gewebeklebeband kann den Verband bei Bedarf nach außen verstärken oder, etwa bei Hufverbänden, nach unten gegen Nässe isolieren. Auch zur kurzen Fixierung von steriler Wundabdeckung oder Polstermaterial nützlich. Vorsicht: Auch das Klebeband darf nicht abschnüren.

Folgende Grundverbände sind wichtig:

Hufverband

(bei Nageltritt, Hufabszeß, Hufrehe)

Verbandwatte doppelt legen, darüber selbsthaftende Bandage anbringen, den sohlenwärtigen Verbandabschnitt mit Klebebandstreifen verstärken. Zieht man diesen Verband weiter hoch und legt ihn etwas straffer an, so deckt er auch Verletzungen im Bereich von Kronsaum, Fesseln und Ballen ab. Bei offenen Wunden fusselfreien Verbandmull verwenden!

Hufverband

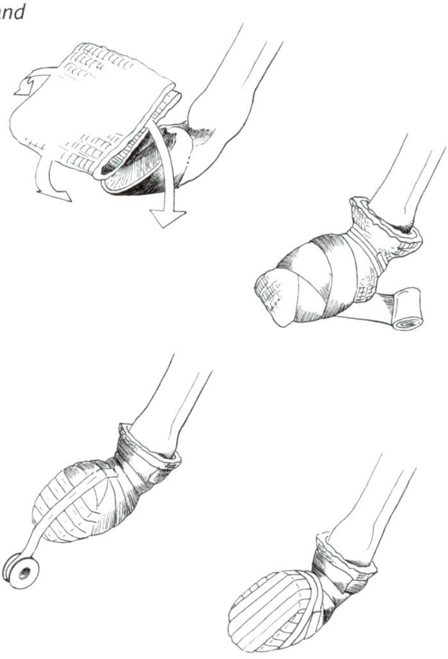

Beinverband, tief
(Standardverband)

Wunde mit steriler Wundabdeckung abdecken, zwei bis drei Lagen Polstermaterial darüberbringen **(kein Verband am Pferdebein ohne Polsterung!)**, mit selbsthaftenden Bandagen befestigen: Mit einigen Bindetouren von oben nach unten den Verband fixieren, dann von unten nach oben mit sich halb überschneidenden Wicklungen sorgsam aufbauen, Polstermaterial oben und unten etwa 2 cm überstehen lassen.

Grundsätzlich gilt: Bei geringer Blutung arbeitet man steril und benutzt einzeln verpackte Wundabdeckungen. Bei schwerer Blutung (Blut im Strahl oder in breitem Strom rinnend) ist aber Geschwindigkeit wichtiger. Dann mehr Polstermaterial (Verbandmull, keine fusselnde Watte!) nehmen, ohne sterile Wundabdeckung direkt auf die Wunde legen, die selbsthaftende Bandage sehr fest anziehen. Bei Durchbluten des Verbandes diesen nicht von der Wunde entfernen, sondern besser einen weiteren sehr stramm darüber legen. Nach einigen Minuten bildet sich an der Innenseite des Verbandes fast immer eine blutstillende Schicht aus geronnenem Blut.

Auch bei schwersten Blutungen bleibt noch Zeit, über die effektivste Vorgehensweise nachzudenken und sich selbst oder andere Helfer zu sichern (s. S. 10 ff.): Ein erwachsenes Großpferd kann ohne Schaden fünf bis sieben Liter Blut verlieren.

Abbinden einer Gliedmaße ist wegen zweifelhafter Wirksamkeit, starker Schmerzen für das Pferd und Huftrittgefahr für den Helfer nicht empfehlenswert.

Dieser tiefe Beinverband kann Verletzungen vom Kronsaum bis unterhalb des Vorderfußwurzel- bzw. Sprunggelenks abdecken. Nie ohne üppige Polsterung!

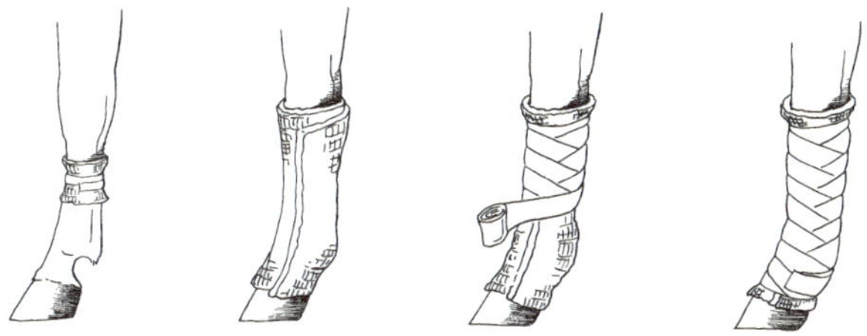

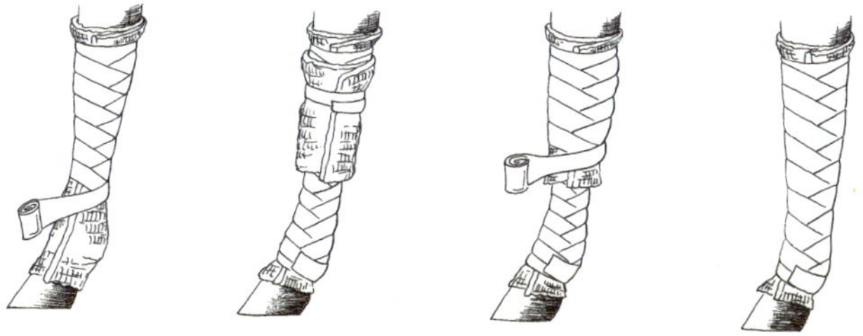

Der Verband läßt sich durch weitere Lagen beliebig nach oben ausdehnen. Vorderfußwurzel- bzw. Sprunggelenk doppelt polstern!

Beinverband, hoch (Vorderfußwurzel- oder Sprunggelenk)

Verletzungen im oberen Beinbereich auf die gleiche Weise behandeln, gegen Abrutschen des Verbandes und zur Verhinderung von Schwellungen im unteren Beinbereich zuvor zügig einen tiefen Verband mit Watte und Bandage als Abstützung anlegen.

Vorderfußwurzel- und Sprunggelenk müssen zusätzlich gepolstert werden (Fersenhöcker, Erbsbeine). Für diesen Verband benötigt man mehrere selbsthaftende Bandagen, weitere Befestigung mit Klebeband kann vorteilhaft sein.

Knochenbruchverdacht

Besteht der Verdacht auf einen Knochenbruch am Bein, legt man von oben über die beschriebenen Verbände (mit **doppelter** Polsterung wegen der Druckgefahr) eine geeignete Schiene, etwa ein Stück Holz, und befestigt diese mit zahlreichen Windungen Klebeband (mindestens 30). Die Schiene sollte sich ein, besser noch zwei Gelenke höher erstrecken als der vermutete Bruch. Die Oberkante der Schiene wird besonders unterpolstert.

Achtung!

Dieser Verband ist eine Notlösung und nur mit ausreichender Polsterung durchführbar, sonst überwiegt der Schaden den Nutzen. In jedem Fall ist es besser, das Pferd bis zum Eintreffen des Tierarztes nur absolut ruhigzustellen. Der Tierarzt kann das Bein für einen erforderlichen Transport zur Klinik erheblich besser fixieren.

Bei Verdacht auf einen Bruch: Pferd absolut ruhigstellen, auf den Tierarzt warten. Selber schienen: Nur im äußersten Notfall! Nur wenn genug Polstermaterial vorhanden ist.

Kopfverband
(für alle Augenverletzungen, Kopfwunden)

Aus fusselfreiem Verbandmull eine Maske mit Sehloch für das gesunde Auge schneiden, mit selbsthaftenden Bandagen befestigen. Bei blutenden Lidwunden den Verbandmull mit Trinkwasser anfeuchten, um Verklebungen zu verhindern.

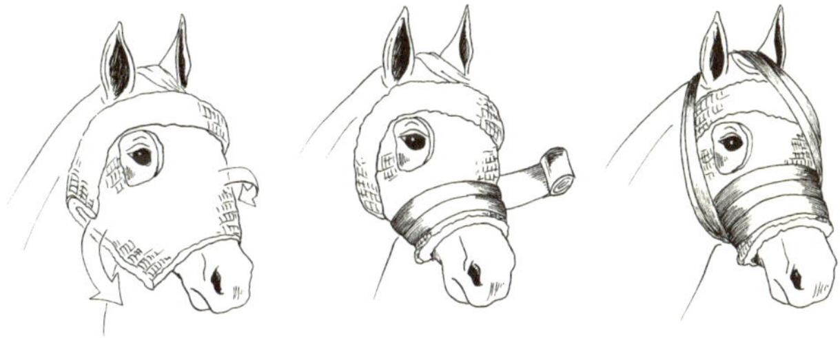

Kopfverband: Vorsicht vor Abschnürung am Ohrgrund.

Vorsicht!

Der Verband darf nicht am Ohrgrund abschnüren. Es ist reichlich Polsterung zu verwenden, anderenfalls kann eine Lähmung der Gesichtsnerven (Fazialislähmung) entstehen.

Rumpf und Hals

Aus Rumpfwunden vorfallende Eingeweide werden sofort mit einem sauberen Bettuch oder Handtuch umhüllt und vom Boden weggehalten.

Mit genügend Verbandmaterial lassen sich auch an Hals und Rumpf Verbände anbringen. Hilfreich können auch Stalldecken und Deckengurte sein, um eine Wundabdeckung zumindest provisorisch vornehmen zu können. Bluten sie sehr stark oder sind ausgedehnte Wundhöhlen entstanden, tamponiert man diese mit Verbandmull oder notfalls mit einem sauberen Tuch aus.

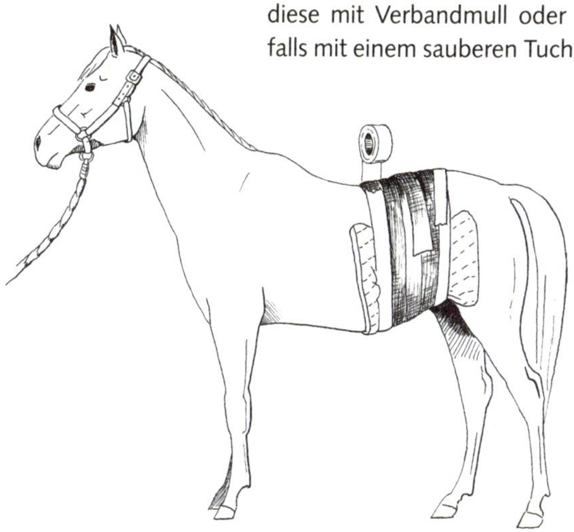

Auch große Wunden am Rumpf können mit entsprechendem Material bis zum Eintreffen des Tierarztes provisorisch versorgt werden – der Auto-Verbandkasten wird dafür allerdings nicht ausreichen!

Gefahrenquellen erkennen und beseitigen

Krankheiten und Unfällen kann man nicht allein durch optimale Fütterung, Haltung und Bewegung sowie durch Impfungen und Entwurmungen begegnen. Es gilt auch, den Lebensraum des Pferdes, also Stall, Paddock, Auslauf, Weide und Reitplatz, kritisch auf Gefahren zu durchleuchten.

Gebäude

- Scharfe Ecken und Kanten an Krippe, Tränke oder Halterungen, vorstehende Nägel, Türverriegelungen
- Trenngitter (so eng, daß auch der Huf des kleinsten Pferdes nicht durchrutschen kann)
- Bodenbelag (griffig, Pflaster dürfen keine Lücken oder wackelnden Bestandteile aufweisen)
- Chemikalien (besonders Holzschutz und Pestizide) sicher unterbringen
- Glasfenster, Elektroleitungen und -geräte müssen einwandfrei gesichert sein gegen Beknabbern
- Kraftfutter (besonders Trockenrübenschnitzel, aber auch Hafer) in stabiler Kiste mit schwerem Deckel und abgeschlossener Futterkammer
- Zugang zur Straße (Sicherung durch Tor oder Gatter, das von selbst ins Schloß fällt)

Weide, Paddock, Auslauf

- Sackgassen, Winkel, Engpässe (auch bei Schutzhütten und Durchgängen)
- Gerümpel oder abgestellte landwirtschaftliche Geräte (Heuwender, Traktoren, Reifen usw.)
- Im Winter kein Zugang zu gefrorenen Teichen
- Giftpflanzen und giftiger Anstrich von Anbindebalken
- Wohlmeinende Nachbarn, die Unverdauliches füttern (Aufklärung wirkt besser als Verbote!)

Zäune

- Stacheldraht (wo nicht zu umgehen, Elektrozaun in mindestens 50 cm Abstand davorspannen; besser durch dicke, glatte Drähte ersetzen, über Isolatoren geführt und unter Strom gesetzt)
- In Knotengittern (Schafzaun) können Pferdehufe hängenbleiben
- Holz (Splittergefahr)
- Draht (muß immer straff gespannt sein)
- Elektrodraht allein: nur zweifach und gut sichtbar (Breitband); bei Stromausfall Gefahr des Ausbruchs.

Temperamentvolle, große, schwere und unsensible oder dickbemähnte Pferde sowie solche im Fohlenalter und in großen Herden muß man stärker absichern als ruhige, alte Tiere. Entscheidend ist auch, ob sie regelmäßig Weidegang haben oder sich nur ganz selten, dann aber mit geballter Kraft austoben.

Wird das Gras knapp oder die Tränke nicht rechtzeitig aufgefüllt, steigt der Wandertrieb stark an. Schwierig ist es oft auch, Pferde mit sehr unterschiedlichem Stockmaß sowohl am Überspringen als auch am Unterkriechen des Zauns zu hindern.

Mit der Umzäunung von Paddocks und Ausläufen muß man besonders vorsichtig sein. Die Pferde können sich hier lange mit der Einfriedung beschäftigen und entwickeln oft eine erhebliche Ausbruchsenergie. Zudem sind die Verhältnisse bei Gruppenhaltung beengter als auf der freien Weidefläche. Die Ergänzung durch E-Draht ist hier vorteilhaft.

Einige Versicherungen machen ihren Haftpflichtschutz von besonderen Anforderungen an die Beschaffenheit der Zäune und Tore abhängig. Rechtzeitig erkundigen!

Stacheldraht hat auf Pferdeweiden nichts zu suchen. Zumindest müssen die Pferde mit davorgespanntem E-Draht auf etwa 50 cm Abstand gehalten werden.

Erste Hilfe für Reiter

Wenn Menschen im Reitsport verletzt werden, geschieht dies in den meisten Fällen auf dem Boden, also im **Umgang** mit dem Pferd. Spektakuläre Stürze sind dagegen seltener.

Wie in jeder Sportart treten auch beim Reiten bestimmte gesundheitliche Risiken gehäuft auf. Dabei stehen Verschleißerscheinungen im Vergleich zu den meisten anderen Sportarten im Hintergrund, während die **unfallbedingten Verletzungen** den Hauptteil der Schäden ausmachen. Die Unfallhäufigkeit ist im Reitsport relativ gering, der Anteil der Schwerverletzten, Getöteten und Invaliden darunter ist aber so hoch wie bei kaum einer anderen Freizeitbeschäftigung.

Der Grund liegt darin, daß alles, was ein Pferd tut, von enormen Kräften begleitet wird. Der Tritt eines kleinen Ponys entwickelt bereits genug Schlagenergie, um bei erwachsenen Menschen lebensbedrohliche Organverletzungen hervorzurufen.

Jeglicher Umgang mit Pferden erfordert daher große **Sorgfalt** und hohes Verantwortungsbewußtsein. Obwohl sie vergleichsweise weniger Zeit mit Pferden verbringen, werden unerfahrene Pferdehalter und Reiter sehr viel häufiger Opfer von Reitsportunfällen als professionelle „Pferdemenschen".

Trifft die mangelnde Erfahrung des Reiters zusätzlich auf schlecht ausgebildete, durch nicht sachgemäße Haltung und Pflegemängel verhaltensgestörte Pferde, wird das Risiko noch größer. Artgerechte Haltung und eine gute, rücksichtsvolle Reitweise sind nicht nur ein Gebot des Tierschutzes, sondern überdies eine gute Versicherung des Reiters vor Schäden an Leib und Leben.

Bewußtlose sollten in die stabile Seitenlage verbracht werden, sofern keine Wiederbelebung aufgrund von Herzversagen oder Atemstillstand erforderlich ist.

Neben wenigen vorsätzlich aggressiven Attacken werden Menschen **versehentlich** zum Opfer, weil sie zwischen sich streitende Vierbeiner oder in unerwartete Schreckreaktionen ihrer Pferde geraten. Hier treten neben Prellungen und Brüchen an Beinen und Rippen auch schwere, zunächst äußerlich nicht erkennbare innere Verletzungen mit Verblutungsgefahr auf. Es handelt sich um zumeist stumpfe Traumen mit erheblichen Gewebeschäden. Tritt ein Pferd einem Menschen auf den **Fuß**, so kann dies gerade bei beschlagenen Pferden mit Blutergüssen und Quetschungen einhergehen. **Feste Schuhe** sind im Umgang mit Pferden ein einfacher, aber effektvoller Schutz.

Bisse

Bisse von Pferden erfolgen hingegen quetschend. Dabei werden Bindegewebe, Muskulatur und Nerven in der Tiefe zerstört. Werden tatsächlich Gliedmaßen in Verwechslung mit Futter abgebissen, muß das Amputat unbedingt aufgehoben und in einer möglichst sterilen Verpackung (Wundabdeckung, sauberes Taschentuch) mit in die versorgende Klinik gebracht werden.

Engpässe

Eine weitere Quelle für Unfälle ist das Durchschreiten von **Engpässen**, etwa Stall-, Boxen- und Hallentüren, Pferdehänger, Koppeltore und Straßensperren. Wird der Mensch neben dem Pferd gehend dabei eingequetscht, kann er sich schwere innere Verletzungen, Rippen- und Beckenbrüche zuziehen. Beim Reiten sind Knie und Füße besonders gefährdet. Auch sollte man sich seiner Höhe bewußt sein, um empfindliche **Gesichts- und Kopfverletzungen** zu vermeiden. Solche Verletzungen entstehen auch durch plötzliche Kopfbewegungen des Pferdes vom Boden aus oder beim Hochwerfen des Kopfes während des Reitens.

Stürze

Bei Stürzen vom Pferderücken ist der Schlüsselbeinbruch ein typisches Resultat. Außerdem muß immer mit schwersten Prellungen und ausgekugelten Handwurzel- und Schultergelenken gerechnet werden.

Für alle Hilfeleistungen gilt die Grundregel: Erst schauen, dann denken, dann Hand anlegen.

Die Versorgung erfolgt nach den Prinzipien der Ersten Hilfe für Unfallopfer im Straßenverkehr unter der speziellen Berücksichtigung reitsportlicher Besonderheiten.

Materialien Die Materialien für eine Erste Hilfe an verunglückten oder verletzten Menschen findet man im Verbandkoffer des Autos und in der Regel in jeder größeren Reitanlage. Es ist durchaus sinnvoll, sich über den Aufbewahrungsort eines solchen Erste-Hilfe-Kastens vorsorglich zu informieren und einmal einen Blick hinein zu werfen. Grundsätzlich können hier auch die im Kapitel „Notfallapotheke" besprochenen Verbandstoffe eingesetzt werden. Bei kleinen äußeren Wunden sind sie für den Menschen gelegentlich überdimensioniert, für schwere Verletzungen, insbesondere für blutende Wunden, Verstauchungen und zur Versorgung von Brüchen jedoch in vielen Fällen überlegen.

Äußere Wunden Äußere Wunden werden steril abgedeckt und mit einem Verband oder Dreiecktuch fixiert. Fremdkörper aller Art und Größe verbleiben immer in der Wunde, um deren Beurteilung für die chirurgische Endversorgung zu ermöglichen.

Nach Huftritten oder Stürzen muß man immer an Verletzungen in der Tiefe denken und eine medizinische Untersuchung folgen lassen. Solche Patienten werden bis zur Endversorgung genau beobachtet. Setzen Blässe, kaltschweißige Haut und erhöhter Ruhepuls ein (über 60 bis 80 Schläge pro Minute), besteht dringender Verdacht auf ein lebensbedrohliches

Schock Schockgeschehen. Eine wesentliche und simple Maßnahme ist dann das Hochlagern der Beine des Verletzten, um die Blutreserven aus dem Beinbereich zu mobilisieren. Außerdem sollte man den Patienten warm eindecken, ihn beruhigen und durch Ansprache bei Bewußtsein zu halten versuchen.

Gelenke Sind Gelenke in Mitleidenschaft gezogen worden, etwa Bänder überdehnt oder gerissen, Gelenke ausgekugelt, kann man die betroffene Gliedmaße durch ein Dreiecktuch, besser noch mit mehreren selbsthaftenden Bandagen, provisorisch ruhigstellen.

Bruch Einen Bruch versorgt man durch Ruhigstellung der Gliedmaße in der vorgefundenen Lage mit einem Dreiecktuch oder mehreren Bandagen, eine Schienung überläßt man dem Rettungspersonal. Offene Brüche werden mit einer sterilen Abdeckung versorgt.

Kreislauf

Ohnmachtsanfälle, Hitzschlag und andere Kreislaufprobleme werden wie üblich durch Hochlegen der Beine, Frischluftzufuhr und gegebenenfalls durch Wasserkühlung behandelt. Außerdem bietet man den Patienten Flüssigkeit an, wenn sie bei Bewußtsein sind.

Ohnmacht

Bei Bewußtseinsverlust besteht die Gefahr einer Verlegung der Atemwege durch Zurückfallen der Zunge oder Aspiration (Einatmen) von Mageninhalt aufgrund des Erlöschens entsprechender Schutzmechanismen. Dann muß der Betroffene in die stabile Seitenlage gebracht, Atmung und Puls müssen sorgfältig überwacht werden.

Achtung!

Vermutet man nach einem Sturz aufgrund der Unfallmechanik eine Verletzung im Schädel-Hirn-Bereich oder an der Wirbelsäule, und klagt der Betroffene über Taubheitsgefühle in Armen oder Beinen oder kann diese nicht bewegen, sollte man unbedarftes Drehen, Umlagern oder Transportieren vermeiden. Trotzdem kann und muß der Helfer bei Unfallopfern mit Herz- und Atemstillstand oder der Gefahr einer Aspiration bewußtloser Patienten sofort eingreifen, da die Behebung dieser lebensbedrohlichen Störungen durch Atemspende, Herzmassage oder stabile Seitenlage Vorrang hat.

Detailkenntnisse und praktische Übungen für die Erstversorgung Verunglückter eignet man sich mit Vorteil über Kurse bei den Hilfsorganisationen an.

Immer jedoch kann ein Ersthelfer zwei Dinge tun: einen qualifizierten Notruf anbringen (Wo ist was passiert? Welche Verletzungen? Wie viele Verletzte? Warten auf Rückfragen) und das Unfallopfer einfühlsam psychisch betreuen.

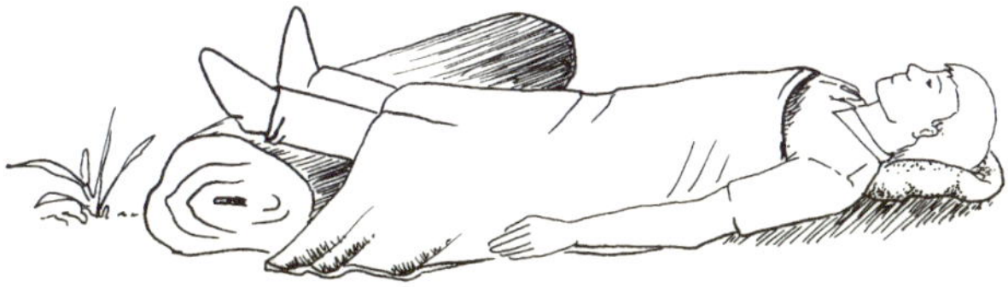

Bei Kreislaufproblemen (Schock, Ohnmacht) flach lagern, Beine hoch legen, bei niedriger Außentemperatur warm eindecken.

Die Rechtslage

Die wenigsten Reiter und Pferdehalter denken wohl in einer Notsituation mit fremden Pferden zuerst an eine zivilrechtliche Schadenshaftung oder gar an den Staatsanwalt. Trotzdem ist es sinnvoll, sich auch mit den rechtlichen Folgen der Ersten Hilfe vertraut zu machen.

Wer muß Erste Hilfe leisten?

Erleidet ein Mensch einen Unfall, eine schwere akute Krankheit oder eine Verletzung, so ist man grundsätzlich zur Hilfeleistung verpflichtet, wenn diese ohne eine unzumutbare Gefährdung der eigenen Gesundheit vorgenommen werden kann.

Bei Pferden gilt dieser Grundsatz nur für Situationen, in denen eine schnelle Hilfe durch den Besitzer oder Obhüter des Tieres nicht zu erwarten ist und das Eingreifen des Helfers dem Pferd schwere und langdauernde Qualen erspart. Zugleich muß die Hilfe ohne eine Gefährdung der eigenen Sicherheit möglich sein.

Eine besondere Regelung gilt allerdings für Personen, die mit fremden Pferden **gewerblichen** Umgang haben, etwa Reitstallbesitzer, Reitlehrer, Ausbilder oder Betreiber einer Deckstation. Sie sind als Obhüter der Pferde zur Ersten Hilfe **verpflichtet**.

Außerdem gehört es zur erforderlichen Sorgfalt ihrer Berufspflichten, den Dimensionen eines Pferdes entsprechende Verbandstoffe bereitzuhalten. Mit dem Verweis auf ein Verbandpäckchen für Menschen ist der genannte Personenkreis in Haftungsfragen nicht entlastet.

Wer haftet für Schäden durch falsche Erste Hilfe?

Entschließt sich ein Laie zur Erste-Hilfe-Leistung an einem verunglückten **fremden** Pferd und verursacht durch eine Fehlbehandlung einen gesundheitlichen Folgeschaden, so haftet er dafür **nicht**. Dabei ist es gleichgültig, ob er vom Besitzer oder Hüter des Pferdes zur Hilfeleistung aufgefordert wurde oder die Erste Hilfe in Abwesenheit des Besitzers vorgenommen hat, um diesem und seinem Pferd zu helfen (Geschäftsführung ohne Auftrag). Ausnahmen sind natürlich Vorsatz und grobe Fahrlässigkeit.

Er haftet sogar dann nicht, wenn er sich zu der nachweislich falschen Einschätzung hinreißen läßt, eine Nachuntersuchung durch den Tierarzt sei nicht erforderlich. Es obliegt immer dem Obhüter des Pferdes, einen Tierarzt zu befragen und sich nicht allein auf die Erste Hilfe eines Laien zu verlassen.

Auch gegen einen **Tierheilpraktiker** kann der Pferdehalter im Falle eines Behandlungsfehlers bei der Ersten Hilfe keine Ansprüche geltend machen, weil er eine für diese Anforderungen nicht ausreichend kundige Person zur Behandlung seines Pferdes ausgewählt hat.

Wer kommt für die Kosten der Ersten Hilfe auf?

Das Anlegen umfangreicher Verbände an verletzten Pferden kann wegen der speziellen Verbandstoffe sehr teuer werden. Der Helfer hat einen Rechtsanspruch auf den **Ersatz von Auslagen** für seine Maßnahmen an fremden Pferden. Dieser Anspruch gilt auch dann, wenn der Helfer wegen Abwesenheit des Besitzers diese Maßnahmen in sinnvollem Umfang ungefragt eingeleitet hat. Er mußte davon ausgehen, daß der Besitzer an einer Versorgung seines Pferdes grundsätzlich interessiert ist.

Kann man die Leistung der Ersten Hilfe für Pferde ablehnen?

Gerade bei unerzogenen und gefährlichen Pferden stellt sich die berechtigte Frage, ob etwa die Versorgung von Wunden an den Beinen für Laien nicht zu gefährlich ist. Auch kann die Verletzung so kompliziert und unübersichtlich sein, daß sich der Helfer überfordert fühlt. In diesen Fällen ist man **nicht** zur Leistung von Erster Hilfe verpflichtet, auch dann nicht, wenn das Tier offensichtlich große Schmerzen erleidet.

Auch ein **Tierarzt** kann die Behandlung eines aggressiven Pferdes **ablehnen**, wenn das Verhalten des Tieres und die Kompetenz und Anzahl der Hilfspersonen offensichtlich eine unverhältnismäßige Gefährdung der eigenen Gesundheit darstellen. Dies gilt auch für lebensbedrohlich erkrankte Pferde.

Wer haftet für Personenschäden bei der Ersten Hilfe?

Hier muß unterschieden werden:

Leistet man einem verletzten Pferd Erste Hilfe, **ohne** von dessen Besitzer oder dem Obhüter des Pferdes dazu aufgefordert worden zu sein, und wird der Helfer dabei verletzt, so trägt er diese Folgen selbst.

Wurde man dagegen ausdrücklich um Hilfe **gebeten**, so haftet der Besitzer des Pferdes beziehungsweise dessen Haftpflichtversicherung für Verletzungen des Helfers.

Grenzfälle sind in diesem Bereich möglich, wie das folgende **Beispiel** zeigt: Pferde waren aus einer Weide ausgebrochen, ein Unbeteiligter fing ein Pferd ein und erlitt dabei erhebliche Verletzungen.

Seine Ansprüche an den Halter der Pferde wurden vom Gericht anerkannt. Dies aber nicht, weil er dem Besitzer helfen und das Pferd retten wollte, sondern weil er Unbeteiligte schützen wollte, die auf der nahegelegenen Landstraße mit Pkw unterwegs waren.

Fazit: Zur Ersten Hilfe an fremden Pferden ist niemand gesetzlich verpflichtet. Der Obhüter eines Pferdes (Stallbesitzer, Reitlehrer, Pfleger und andere) ist zur Ersten Hilfe jedoch in jedem Falle verpflichtet, weil er Sorge und Betreuung für das Pferd vertraglich übernommen hat. Für Fehler bei der Ersten Hilfe an fremden Pferden, die nicht auf grober Fahrlässigkeit oder Vorsatz beruhen, haftet der Helfer nicht.

Diesbezügliche Bedenken dürfen also kein Grund sein, einem Pferd die dringend benötigte Hilfe zu verweigern. Begibt der Helfer sich durch nicht angeforderte Erste Hilfe an einem fremden Pferd freiwillig in Gefahr, so trägt er die Folgen eigener Verletzungen selbst. Für die bei der Hilfe geleisteten Aufwendungen hat er Ersatzanspruch gegen den Besitzer des Pferdes.

55 NOTFALLSITUATIONEN

SYMPTOME

- **Auge sehr schmerzhaft, zugekniffen, Tränenfluß reichlich vorhanden**
- **Auge und Umgebung warm und geschwollen**
- **Berührungen sind unangenehm, werden mit Abwehrbewegungen beantwortet**
- **Größere Fremdkörper beim vorsichtigen Spreizen der Lider erkennbar**

VERDACHT

Augenfremdkörperverletzung

Fremdkörper können in Lider, Bindehaut oder Hornhaut eindringen.

Häufig werden Holzstückchen der Einzäunung, Ästchen oder Stroh und Grannen gefunden. Am gefährlichsten sind Fremdkörper in oder an der Hornhaut. Wie alle Irritationen am Auge sind auch diese sehr schmerzhaft.

Meist entzündet sich das Auge stark, bei Hornhautschäden (s. S. 38 f.) kann das Augenlicht verlorengehen, wenn nicht sehr schnell die richtige Behandlung eingeleitet wird.

Findet man ein Pferd auf der Weide oder im Stall mit stark geschwollenem Auge vor, das überdies fest zusammengekniffen wird und schmerzempfindlich ist, so kann eine Untersuchung sehr schwierig werden.

Die Arbeit wird erleichtert, wenn man den Patienten zunächst in einen abgedunkelten Raum bringt und zur Untersuchung eine Taschenlampe benutzt. Kann man trotzdem nichts erkennen, so sollte kein Zwang angewendet werden. Der Tierarzt kann die Untersuchung nach leichter Sedierung sehr viel schonender vornehmen.

Es sollten keine Augensalben eingebracht werden, da eine falsche Auswahl den Verlauf der Krankheit negativ beeinflussen kann. Dies gilt besonders bei Verletzungen der Hornhaut, für die eine spezielle Therapie mit ausgewählten Salben erforderlich ist, deren Kombination nur vom Tierarzt beurteilt werden kann.

Verwechslung: **Mit Hornhautverletzung (s. S. 38 f.), Bindehautentzündung (s. S. 36 f.), Periodischer Augenentzündung (s. S. 46 f.). Die Symptome sind aber meist recht deutlich und verlangen daher immer nach einem Besuch des Tierarztes.**

MASSNAHMEN

- Vorsichtiges Spreizen der Lider bringt Fremdkörper oft spontan zum Vorschein.
- Entfernung durch tupfende Bewegungen mit dem Zipfel eines sauberen Tuches nach innen, also in Richtung der Nüstern.
- Befindlichkeit des Pferdes muß sich innerhalb der nächsten Stunden deutlich bessern, sonst hat man etwas übersehen und sollte den Tierarzt zu Rate ziehen.
- Ist der Fremdkörper eingespießt, überläßt man seine Entfernung dem Tierarzt!

WAS BRAUCHE ICH?

- sauberes Taschentuch

Vorsicht!

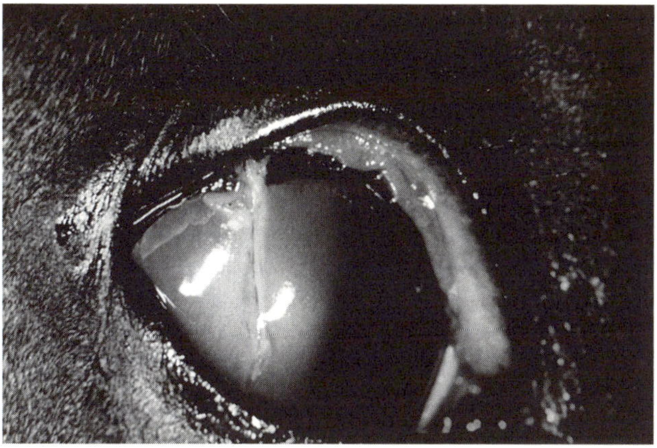

Fremdkörper (hier ein Strohhalm) in der Hornhaut bedeuten Erblindungsgefahr.

SYMPTOME

- Blutungen der Augenlider oder der Augenumgebung
- Augenlid geschwollen und warm
- Gelegentlich zugekniffenes Auge

VERDACHT

Augenlidwunde

Lidwunden treten meist am Lidrand auf. Sie entstehen durch Verletzungen an vorstehenden Ästen, Nägeln oder Drähten. Auch aus diesem Grund ist Stacheldraht keine geeignete Einzäunung für Pferdeweiden.

Wenn sich der Schaden nur auf das Augenlid, nicht aber auf die Hornhaut erstreckt, werden bei baldigem Vernähen der Wunde meist gute Heilerfolge erzielt.

Voraussetzung ist aber, daß die Verletzung in der Zeit bis zur Endversorgung entsprechend gehandhabt wird. Die Wundränder dürfen nicht austrocknen, eine Verschmutzung durch Insekten und Staub ist unbedingt zu vermeiden. Außerdem muß man darauf achten, daß sich der Patient nicht an dem Augenlid scheuert. Das Einbringen von Salben hat keinen Zweck, die Anwendung desinfizierender Mittel ist am Auge gefährlich.

Auch bei auf den ersten Blick nur geringen Verletzungen des Lides empfiehlt sich eine Kontrolle durch den Tierarzt, weniger aufgrund der äußeren Wunde, sondern vielmehr wegen der Gefahr unerkannter Hornhautdefekte.

Alle stark geschwollenen Verletzungen der direkten Augenumgebung müssen ebenfalls genauestens kontrolliert werden. Hier ist das Auge selbst oft mitbetroffen. Wenn solche Wunden durch Huftritte entstanden sind, kann die knöcherne Einbettung des Auges beschädigt sein.

Eine verschleppte Lidrandwunde verheilt unter Narbenbildung und läßt eine unsymmetrische Lidkante zurück. Diese kratzt dann bei jedem Wimpernschlag über die Hornhaut des Auges. Folgeschäden bis zur Erblindung sind vorprogrammiert.

Verwechslung: **Es ist darauf zu achten, ob neben der Lidwunde auch zusätzlich Verletzungen der Hornhaut (s. Seite 38 f.) vorliegen.**

MASSNAHMEN

- Verletzungen des Augenlides schnellstens tierärztlich versorgen lassen.
- Bis zum Eintreffen des Tierarztes das Pferd, besonders bei Gruppen- oder Weidehaltung, unter Aufsicht stellen
- Scheuern verhindern!
- Verbringen in eine abgedunkelte Box kann bei heller Sommersonne und Hitze erleichternd wirken.
- Sofortmaßnahme ist ein Kopfverband mit nicht fusselndem Polstermaterial (s. S. 21). Dabei für das gesunde Auge ein Sehloch freilassen. Der der Wunde aufliegende Polsterbereich wird mit Trinkwasser angefeuchtet, damit er nicht verklebt.

WAS BRAUCHE ICH?

Kopfverband:

- Verbandmull
- Schere
- selbsthaftende Bandagen

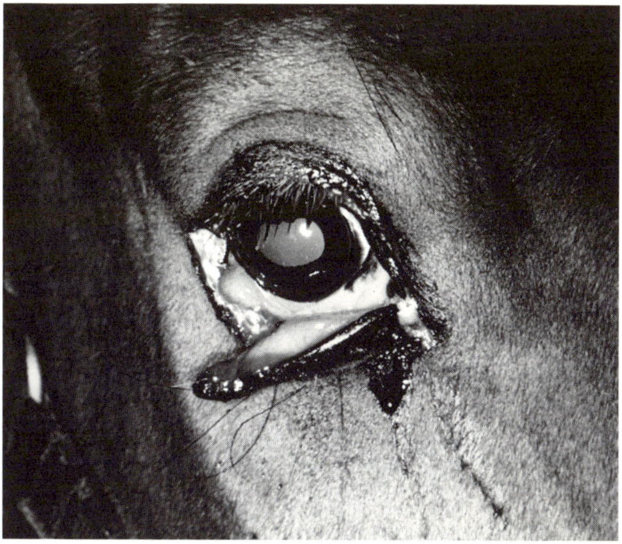

Verletzungen des Augenlides müssen bald genäht werden, sonst bleiben Folgeschäden zurück.

SYMPTOME

- Bindehäute eines oder beider Augen gerötet, vorquellend, geschwollen
- Zukneifen des Auges, vermehrte Wärme, Lichtscheu
- Reichlich Tränenfluß, wäßrig oder mit gelbflockigen Beimengungen
- Juckreiz veranlaßt Scheuern. Trotzdem wird Berührung und Untersuchung des Auges oft nicht toleriert.

VERDACHT

Bindehautentzündung

Die Bindehautentzündung des Auges (Konjunktivitis) hat verschiedene Ursachen. Neben einer Reaktion auf Staub und Insekten kann sie auch das Symptom von eingedrungenen Fremdkörpern, Verletzungen, bakteriellen Infektionen oder einem Anfall Periodischer Augenentzündung sein. Die Bindehautentzündung ist sehr oft Anlaß zu Fehldiagnosen!

Daraus ergibt sich, daß nur in geringgradigen Fällen, bei denen das Auge nicht zugekniffen wird und das Allgemeinbefinden des Pferdes ungestört ist, zunächst abgewartet werden kann. Dies gilt nur, wenn keine Fremdkörper oder Verletzungen zu erkennen sind. In allen anderen Fällen und bei einer Krankheitsdauer von über zwei Tagen sollte eine tierärztliche Untersuchung erfolgen.

Die Selbstbehandlung mit Resten von Augensalben aus bereits angebrochenen Tuben ist nicht empfehlenswert. Sie kann das Krankheitsbild durch den Eintrag von Keimen und Schmutz verschlimmern. Außerdem könnten versehentlich Salben mit falschen oder gefährlichen Inhaltsstoffen benutzt werden, etwa eine kortisonhaltige Salbe bei einer Hornhautverletzung. In diesem Fall kann die gut gemeinte Hilfe das Problem verschlimmern und der Erblindung des Pferdes Vorschub leisten.

Verwechslung: **Bei höhergradigen Fällen, zugekniffenem Auge, starkem Tränenfluß oder Störungen des Allgemeinbefindens besteht Verwechslungsgefahr mit Hornhautverletzung (s. S. 38 f.), Fremdkörper im Auge (s. S. 32 f.) und Periodischer Augenentzündung (s. S. 46 f.). Im Zweifelsfall möglichst bald untersuchen lassen, niemals über das Wochenende verschieben!**

MASSNAHMEN

- Verbringen in eine abgedunkelte Box, zumindest in den Schatten.
- Bei ruhigen Pferden: vorsichtige Untersuchung auf eingedrungene Fremdkörper oder Verletzungen.
- Fremdkörper, beispielsweise kleine Holzstückchen, Stroh, Heu, Grannen oder Spelzen, mit dem Zipfel eines sauberen Taschentuches vorsichtig entfernen. Nach innen wischen, in Richtung der Pferdestirn. Bei heftiger Abwehr oder unklarer Lage eines Fremdkörpers Aktion nicht wiederholen.
- Nach Entfernung Pferd noch einige Stunden im Dunkeln belassen. Wenn nicht gebessert, tierärztlich nachuntersuchen lassen.
- Bei Verletzungen an Lidern (s. S. 34 f.) oder Hornhaut (s. S. 38 f.) sowie unklaren Verletzungsursachen Tierarzt sofort benachrichtigen. Bis dahin Kopfverband (s. S. 21) mit fusselfreiem Polstermaterial anlegen.
- Scheuern verhindern, um keine Schäden an der Hornhaut (Erblindung) zu provozieren.
- Einreiben der Haut unter dem inneren Augenwinkel mit Vaseline verhindert Wundwerden durch die Tränenflüssigkeit.

WAS BRAUCHE ICH?

- sauberes Taschentuch
- ggf. Verbandstoffe:
- Verbandmull
- Schere
- selbsthaftende Bandagen

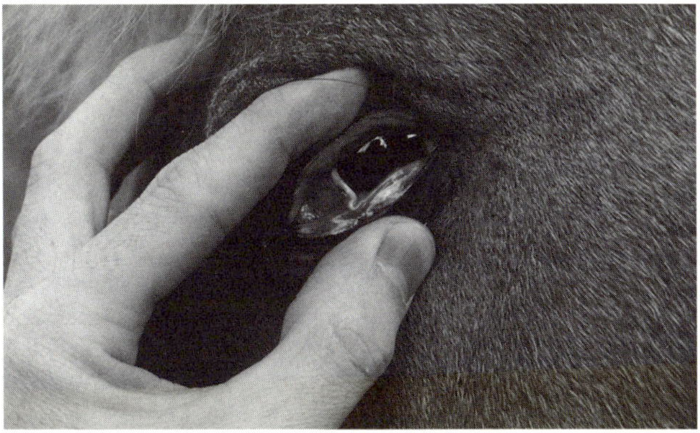

So kann man die Bindehaut und Teile der Hornhaut beurteilen.

SYMPTOME

- Zukneifen des Auges, reichlich Tränenfluß
- Sehr schmerzhaft, Abwehrbewegungen bei Untersuchung
- Ausgeprägte Lichtscheu, Juckreiz, Scheuern
- Symptome offensichtlich nicht mit Lidwunde oder Fremdkörper unter den Lidern erklärbar
- Bei Untersuchung ist die Verletzung oft, aber nicht immer, mit bloßem Auge sichtbar.

VERDACHT

Hornhautverletzung

Verletzungen der Hornhaut, also der äußeren Begrenzung des Augapfels, können vielfältige Ursachen haben: Fremdkörper, Drahtverletzungen und Trittwunden sind ebenso denkbar wie Kratzer durch Äste oder, was leider auch vorkommt, durch einen Gertenschlag. Immer droht der Verlust des Augenlichtes.

Bei tiefen Verletzungen, die alle Schichten der Hornhaut durchtrennen, kann dies durch direktes Auslaufen des Auges geschehen. Aber auch oberflächliche Wunden der Hornhaut sind gefährlich: Durch starken Juckreiz scheuern sich die Pferde und richten dabei weitere Schäden am Auge an.

Hat sich die Wunde zusätzlich infiziert, entwickelt sich ein tiefes Hornhautgeschwür. Auch hier droht Verlust der Sehkraft durch Auslaufen des Auges oder bleibende erhebliche Trübungen der Hornhaut.

Die Entscheidung über die Ernsthaftigkeit der Verletzung kann nur vom Tierarzt mittels spezieller Untersuchungstechniken getroffen werden. Die Ausheilung nimmt oft viele Wochen in Anspruch und dauert um so länger, je später die korrekte Therapie einsetzt. Diese besteht nicht nur in der Behandlung mit unterschiedlich zu kombinierenden Augensalben. Gerade in den ernsteren Fällen ist die zeitweilige Abdeckung des kranken Auges mit einem Verband und die Unterbringung in einer abgedunkelten Box eine der wesentlichen Maßnahmen, die der Tierarzt einleiten wird. Leider haben manche Pferdehalter für die zeitweilige „Dunkelhaft" ihres Lieblings wenig Verständnis und unterlaufen diese Anordnung. Das kann den Verlust des Auges bedeuten.

Verwechslung: **Die äußeren Symptome können von Laien mit einem Anfall Periodischer Augenentzündung verwechselt werden (s. S. 46 f.).**

MASSNAHMEN

- Hornhautverletzungen sind ein Notfall! (wie fast alle Augenerkrankungen).
- Auge sofort durch einen trockenen Kopfverband (s. S. 21 f.) mit fusselfreiem Polstermaterial abdecken, bis der Tierarzt eintrifft. Dadurch wird der Lichtschmerz gemindert und das Auge vor Scheuerwunden geschützt.
- Optimiert wird die Maßnahme durch Verbringen in eine dunkle Box.
- Hier wird der Patient notfalls so angebunden, daß er sich nicht scheuern kann, oder verbleibt besser noch unter Aufsicht.
- Keine Eigenbehandlung! Diese verzögert nicht nur die tierärztliche Untersuchung. Wenn etwa eine kortisonhaltige Salbe benutzt wird, können sich Bakterien oder Pilze explosionsartig vermehren und die Krankheit sehr verschlimmern.
- Tip: Für die schnellere Handhabung während einer tierärztlich angeordneten Salbentherapie läßt sich der Kopfverband durch eine Blende, wie sie für Galopper in der Startbox benutzt wird, ersetzen. Für das gesunde Auge muß nur noch ein Sehloch ausgeschnitten werden.

WAS BRAUCHE ICH?

- Verbandmull
- Schere
- selbsthaftende Bandagen

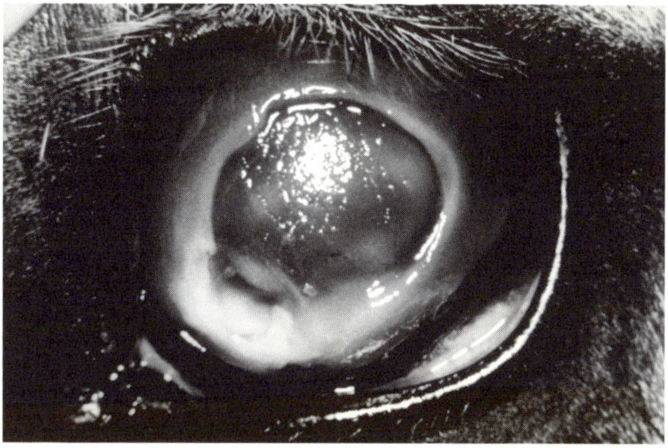

Hornhautverletzungen sind immer ein Notfall. Leicht entwickeln sich Geschwüre, Erblindung droht. Keine Eigentherapie, keine Verschleppung!

SYMPTOME

- Lymphknoten in der Unterkiefergrube oder Ganaschengegend sind vergrößert oder schmerzhaft.
- Störungen des Allgemeinbefindens möglich

VERDACHT

Lymphknotenschwellung

Geschwollene Lymphknoten sind ein Zeichen dafür, daß sich das Immunsystem mit eingedrungenen Viren und Bakterien auseinandersetzt, unter anderem durch die vermehrte Bildung bestimmter Abwehrzellen. Dabei können die Lymphknoten auch selbst infiziert und ihr Gewebe teilweise beschädigt werden.

In seltenen Fällen kommen bestimmte tumoröse Erkrankungen in Schwellungen der Lymphknoten zum Ausdruck. Hierbei sind aber zunächst nur die inneren Körperlymphknoten betroffen.

Aus der Vielzahl der Lymphknoten sind besonders die äußeren am Kopf leicht zu beurteilen: Zwischen den Unterkieferästen und in der Ganaschengegend können vergrößerte, schmerzhafte Lymphknoten der erste Hinweis auf eine Infektion sein (Druse, s. S. 124 f., Virushusten, s. S. 62 f.). Hochgradige Schwellungen verhindern ein Abbeugen des Kopfes und bewirken Schluckbeschwerden. In diesem Fall ist der Beginn einer Druseerkrankung höchstwahrscheinlich. Man sollte das erkrankte Pferd sofort von den anderen isolieren und auch dafür Sorge tragen, daß die Nachbarställe gewarnt werden.

Bei Weidepferden kann Zeckenbefall im Frühsommer die Lymphknoten anschwellen lassen. Zecken übertragen unter anderem die Borreliose, eine bakterielle Infektionskrankheit. Die Schwellung selbst wird aber meist durch unspezifische Schmutzkeime in der Wunde hervorgerufen.

Besonders bei älteren Ponys sind die Lymphknoten am Kopf oft ganzjährig geringgradig vergrößert, ohne daß eine akute Infektion vorliegt.

Verwechslung: **Es besteht Verwechslungsgefahr mit einer Entzündung der Speicheldrüsen.**

MASSNAHMEN

- Bei geringgradiger Schwellung Körpertemperatur messen.
- Wenn erhöht (über 38,0 Grad Celsius), Tierarzt rufen.
- Bei mittleren bis starken Lymphknotenschwellungen, Schmerzhaftigkeit und Allgemeinsymptomen in jedem Fall den Tierarzt rufen.

WAS BRAUCHE ICH?

- Fieberthermometer

Die äußeren Lymphknoten am Kopf liegen zwischen den Unterkieferästen und in der Ganaschengegend.

SYMPTOME

- Sekret in einer oder beiden Nüstern
- Farbe klar, weiß, gelb oder grünlich
- Konsistenz wäßrig, zäh oder brockig

VERDACHT

Nasenausfluß

Die Bedeutung von Nasenausfluß ist für Pferdehalter oft nur schwer abzuschätzen. Sie hängt unter anderem von weiteren begleitenden Symptomen ab.

Eine kleine Menge wäßriger Flüssigkeit in den Nüstern ist harmlos. Dabei handelt es sich um kondensierte Atemfeuchtigkeit und überschüssiges Augenwasser, das über den Tränennasenkanal abgeführt wird. Windiges Wetter und Arbeit bei niedrigen Außentemperaturen können diesen wasserartigen Ausfluß verstärken.

Zu Beginn einer Infektionskrankheit der Atmungsorgane wird das Sekret milchig und trübe, später gelblich durch eitrige Beimengungen. Es ist dann nicht mehr wasserartig, sondern in Abhängigkeit vom Grad der Schleimbildung in Lunge, Kehlkopf und Luftröhre schleimig und zäh. Mit diesem Sekret können Krankheitserreger auf andere Pferde übertragen werden.

Wird der Nasenausfluß dunkelgelb oder grünlich, liegt der Verdacht auf eine bakterielle Infektion nahe.

Auch versteckte oder zunächst nur geringgradige Entzündungen der Bronchien und der Lunge äußern sich oft in einer vermehrten Schleimproduktion, die besonders nach dem Reiten als Nasenausfluß in Erscheinung tritt.

Trotzdem können Pferde auch an einer schleichenden Erkrankung der Atemwege leiden, ohne daß Nasenausfluß beobachtet wird. Dann ist der Schleim in der Lunge entweder sehr zäh und festhaftend oder aber die Entzündung in einen trockenen Reizzustand übergegangen.

Besondere Vorsicht ist bei einseitigem Nasenausfluß geboten. In der Regel ist dieser das Zeichen für eine Erkrankung der Nasennebenhöhlen oder des Luftsackes.

Verwechslung: **In seltenen Fällen mit einer beginnenden Schlundverstopfung (s. S. 48 f), deren Gesamtsymptomatik aber anders ist. Es ist die Ursache des Nasenausflusses abzuklären.**

MASSNAHMEN

- Wäßriger Nasenausfluß bedarf keiner weiteren Klärung.
- Bei zähem oder milchig bis gelb oder grünlich gefärbtem Nasenausfluß Körpertemperatur messen und Atemfrequenz erfassen sowie auf weitere Symptome achten.
- Bei Temperatur über 38,0 Grad Celsius oder erhöhter Atemfrequenz (über 16 Atemzüge/Minute) Tierarzt umgehend benachrichtigen.
- Wenn nicht erhöht, am nächsten regulären Arbeitstag tierärztlich untersuchen lassen.

WAS BRAUCHE ICH?

- Fieberthermometer
- Stethoskop

SYMPTOME

- Ein- oder beidseitiges Nasenbluten, tropfend oder strömend
- Blutfarbe hell- oder dunkelrot, manchmal schaumig
- Gelegentlich nach starker Atembelastung (Rennen, Military) auftretend

VERDACHT

Nasenbluten

Nasenbluten ist keine definierte Krankheit, sondern Symptom verschiedenster Vorgänge. Oft sind kleine Gefäße der Nasenschleimhaut oder, wie bei Rennpferden häufig, im Kapillarbett der Lunge gerissen. Solche Blutungen kommen bald von selbst zum Stehen. Überdies kann ein erwachsenes Großpferd problemlos fünf bis sieben Liter Blut verlieren, ohne in Gefahr zu geraten.

Starke Blutungen nach Stürzen und Tritten weisen auf Verletzungen im Bereich der Nasennebenhöhlen oder Luftsäcke hin. Auch Entzündungen oder Tumoren der Atmungsorgane können heftiges Nasenbluten auslösen, ebenso ein Pilzbefall der Luftsäcke. Diese Pilze schädigen während ihres Wachstums die Arterienwände und können zu deren Riß mit nachfolgenden lebensbedrohlichen Blutungen führen.

Muß der Tierarzt bei Schlundverstopfungen oder Koliken die Nasenschlundsonde anwenden, ist auch bei größter Sorgfalt mit Blutungen aus der Nase zu rechnen. Diese entstehen häufig durch Abwehrbewegungen des Pferdes oder wenn zur Behebung einer Schlundverstopfung besonders lange gespült werden muß. Je versierter die Helfer sind und je besser erzogen das Pferd ist, desto geringer ist das Risiko für einen solchen Zwischenfall. Manche Tierärzte geben dem Pferd kurz vorher eine medikamentöse Ruhigstellung (Sedierung), um den Streß für das Pferd sowie das Risiko von Ausweichbewegungen und damit eines Nasenblutens zu verringern.

MASSNAHMEN

- Wenn das Blut in einem dünnen Faden in den Nüstern steht oder schlimmstenfalls aus den Nüstern tröpfelt, reicht das sofortige Ruhigstellen des Pferdes. Die Blutung hört nach einigen Minuten von selbst auf.
- In seltenen Fällen wird als Ursache eine Wunde im sichtbaren inneren Bereich der Nüstern gefunden. Blutet diese Verletzung stärker, wird die entsprechende Nüster mit einem sauberen Tuch (Baumwolle) fest austamponiert. Bei Erfolglosigkeit der Maßnahme ist der Tierarzt zu verständigen.
- Starke, lange und sich steigernde Blutungen sind ein Notfall. Austamponieren wie oben beschrieben kann versucht werden, ist aber meist nicht ausreichend, da die Ursache im Inneren der Nasenhöhle liegt.
- Bis zum Eintreffen des Tierarztes Pferd beruhigen, da jede Aufregung den Blutdruck steigen läßt und damit die Blutung verstärkt. Kopf in mittlerer Höhe halten!
- Wenn sich geringgradiges, von selbst wieder vergehendes Nasenbluten häufig einstellt, sollte die Ursache unbedingt abgeklärt werden.

WAS BRAUCHE ICH?

- Baumwolltuch

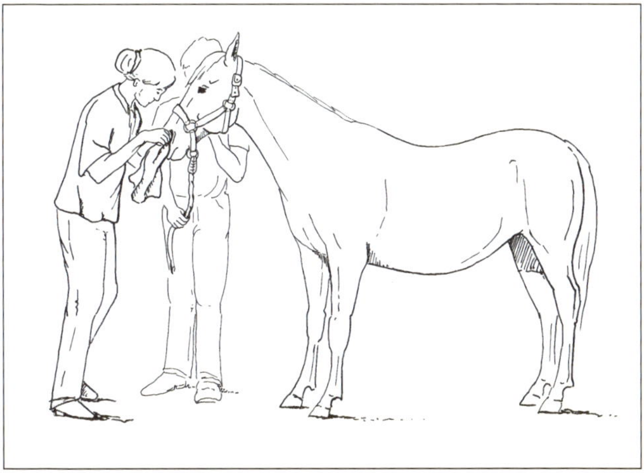

Starkes Nasenbluten hat seine Ursache meist im schlecht zugänglichen Inneren der Nasenhöhle. Trotzdem kann man eine Blutstillung mit Tüchern versuchen.

SYMPTOME

- **Akuter Anfall mit Lichtscheue, Zusammenkneifen der geschwollenen Augenlider, Tränenfluß, Bindehautreizung**
- **Temperaturerhöhung und Störungen des Allgemeinbefindens können auftreten, müssen am Anfang aber nicht sein.**
- **Später träge Pupillenreaktion und milchiggelbe Trübung des Glaskörpers**

VERDACHT

Periodische Augenentzündung

Periodische Augenentzündung (Mondblindheit) ist eine Entzündung der Aderhaut und bewirkt Trübungen des Glaskörpers und umfangreiche Verwachsungen zwischen Iris und Linse. Später werden Netzhaut und Sehnerv zunehmend zerstört. Die schubweise Verschlechterung des Sehvermögens führt zur Erblindung, bei fehlender Therapie kann auch das zweite Auge erkranken.

Die genaue Entstehung der Krankheit ist noch nicht geklärt. Als Auslöser werden Bakterien, Blutparasiten und Mycotoxine (Pilzgifte) diskutiert, die offensichtlich die Ursache für umfangreiche Reaktionen des Immunsystems setzen.

Ein akuter Anfall, der für das Pferd sehr schmerzhaft ist, geht bei korrekter Behandlung nach etwa fünf Tagen vorbei. Ohne Therapie dauert er wesentlich länger. Nach 14 Tagen kann das Auge für den Laien äußerlich wieder in Ordnung sein. Weitere Anfälle sind nach vier bis sechs Wochen, aber auch in größeren Abständen (nach Jahren) zu erwarten.

Nur eine frühzeitig einsetzende Therapie kann das Risiko für weitere Anfälle und die Gefahr der Erblindung mindern.

Wird ein unerkannter Anfall als „Augenreizung" oder „Bindehautentzündung" bagatellisiert und nicht behandelt, verschlechtert sich die Prognose deutlich.

Die Krankheit ist gerichtsmedizinisch ein Hauptmangel.

Verwechslung: **Besonders mit Bindehautentzündung (s. S. 36 f.) und Hornhautverletzung (s. S. 38 f.).**

MASSNAHMEN

- Beim geringsten Verdacht den Tierarzt um eine Untersuchung bitten.
- Bis dahin lindert ein Kopfverband mit Abdeckung des erkrankten Auges (siehe Abbildung S. 21) und Verbringen in einen kühlen, nicht zu hellen Stall den Schmerz.

WAS BRAUCHE ICH?

- Verbandmull
- Schere
- selbsthaftende Bandage

SYMPTOME

- Aus Nüstern und Maul fließen Speichel und Futterbestandteile
- Gestreckte Haltung von Kopf und Hals
- Würgebewegungen, krampfartiges Zusammenziehen des Halses
- Atmung kann erschwert sein. Patient dann ängstlich und unruhig, hustet und schnaubt.

VERDACHT

Schlundverstopfung

Schlundverstopfungen treten meist während oder unmittelbar nach der Fütterung auf. Stark quellende, mehlige oder klebende Futtermittel stauen sich in der Speiseröhre an, ohne bis in den Magen zu gelangen. Sehr gefährlich sind nicht oder mangelhaft eingeweichte Trockenrübenschnitzel. Auch Brot und grobe Stücke von Äpfeln oder Möhren können zu einer Schlundverstopfung führen. Brot und Äpfel sind in größeren Mengen kein geeignetes Pferdefutter. Man sollte sie eher als Belohnung einsetzen. Brot muß immer ganz trocken und hart sein.

Bei einer Schlundverstopfung liegt der Engpaß oft unmittelbar vor dem Mageneingang. Dann frißt das Pferd zunächst weiter und füllt die gesamte Speiseröhre bis zum Schlund auf. Hastiges Fressen durch Futterneid erhöht das Risiko. Aus der überlaufenden Speiseröhre können Futterbestandteile und Speichel in Luftröhre und Lunge gelangen. Die Folge sind Erstickungsanfälle und schwerste Lungenentzündungen mit nicht selten tödlichem Ausgang.

Außerdem schädigen länger bestehende Schlundverstopfungen die Wand der Speiseröhre. Die Heilung erfolgt narbig. So entstehen neue Engpässe, die ihrerseits weitere Schlundverstopfungen fördern. Die Beseitigung der Verstopfung wird durch den Tierarzt in der Regel mit einem durch die Nüstern in die Speiseröhre eingeführten Schlauch (Nasenschlundsonde) vorgenommen. Diese Maßnahme kann je nach Lage des Falles einige Minuten bis zu zwei Stunden dauern. Das Verladen solcher Patienten und der Transport in die nächste Klinik ohne Abstimmung mit dem Haustierarzt kann tödlich enden, weil dabei leicht Futter und Speichel in die Lunge geraten und eine Lungenentzündung hervorrufen können.

Verwechslung: **Selten mit Atemnotanfällen (s. S. 120 f.). Dann jedoch kaum Speicheln und keine Futterpartikel.**

MASSNAHMEN

- Jede weitere Aufnahme von Futter oder Wasser sofort verhindern!
- Tierarzt umgehend verständigen.
- Bis zu dessen Eintreffen den Kopf des Patienten möglichst tief halten, damit der Speichel frei nach unten abfließen kann und nicht in die Luftröhre gelangt.
- Pferd beruhigen. Bewegung ist nicht erlaubt, da sie die Atmung anregt und daher eine Lungenentzündung durch Verschlucken von Futterteilchen fördern kann.
- Wenn der verstopfte Bereich der Speiseröhre an der linken Halsseite zu fühlen oder zu sehen ist, kann versuchsweise vorsichtig in Richtung Kopf massiert werden.

Achtung!

Löst die Massage verstärktes Würgen, Krämpfe, Abwehrbewegungen oder Unruhe aus, muß sie aus den bereits genannten Gründen sofort eingestellt werden!

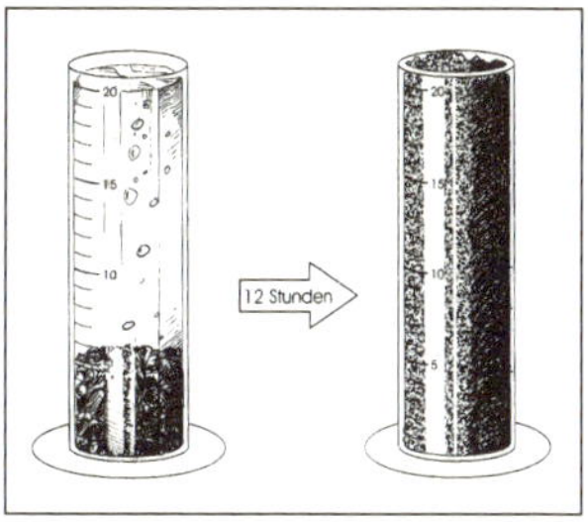

Mit Flüssigkeit vervielfachen trockene Zuckerrübenschnitzel ihr Volumen. Geschieht dies in der Speiseröhre oder im Magen, entstehen Schlundverstopfungen oder eine tödliche Magenzerreißung. Daher: Immer vor dem Verfüttern einweichen, für Pferde unerreichbar aufbewahren!

Bei Schlundverstopfung das Pferd nicht bewegen, Kopf und Hals sanft in unterer Position halten oder anbinden.

SYMPTOME

- **Innenseite der Oberschenkel kotverschmutzt**
- **Kot ist breiig, wäßrig oder wasserdünn**
- **Geruch faulig oder übel**
- **Häufiger Absatz kleiner Mengen**
- **Durchfall begleitet von Krämpfen und Blähungen**
- **Erhöhung der Körpertemperatur selten**

VERDACHT

Durchfall

Durchfall entsteht durch ein Ungleichgewicht im Fluß der Verdauungssäfte. Dadurch wird der Wasserhaushalt des Darmes gestört.

Eine häufige und harmlose Ursache sind Ernährungsfehler, etwa die abrupte Umstellung auf Weidegang oder der Umtrieb auf eine frische Koppel mit rohfaserarmem Gras. Aber auch verdorbene Futtermittel (verfilzter Hafer, angefrorenes Saftfutter, schlechte Silage) bewirken Durchfall.

Psychogener Durchfall tritt kurzfristig in Streßsituationen auf, bei Transport, Umstellung und auf Turnieren, oder als Zeichen völliger Erschöpfung bei Ausdauerleistungen.

Viele (Infektions-)Erkrankungen des Verdauungstraktes und anderer Organsysteme lösen Durchfall aus. Darunter sind auch für den Menschen gefährliche Erreger, beispielsweise Salmonellen.

Wäßriger Durchfall löst häufig krampfartige Koliken aus. Umgekehrt kann aber auch eine (meist sehr gefährliche) Kolik den Durchfall als Begleitsymptom haben.

Wie Fieber ist auch Durchfall zunächst als Regulationsmechanismus zu sehen: Infektionserreger oder Giftstoffe sollen ausgeschieden werden.

Trotzdem stellt wäßriger und länger anhaltender Durchfall für Pferde eine ernste Gefahr dar: der Körper verliert neben Wasser auch große Mengen Elektrolyte und Eiweiß. Die Patienten können bei starken Durchfällen in kurzer Zeit völlig austrocknen und in eine lebensbedrohliche Krise geraten.

Niemals darf versucht werden, einen Durchfallpatienten durch Wasserentzug zu „behandeln". Dieses Vorgehen kann tödlich enden (s. Dehydratation, S. 122 f.).

MASSNAHMEN

- ➡ Breiiger Durchfall heilt in der Regel von selbst ab. Gabe von etwa einem Liter Sauermilchprodukten (Dickmilch, Joghurt, Kefir) pro Tag, verteilt auf drei Mahlzeiten mit etwas Kleie oder Quetschhafer kann die Regeneration der Darmflora verbessern.
- ➡ Breiiger bis sehr breiiger Durchfall spricht gut auf ein eintägiges völliges Fasten an. Danach wird mit kleinsten Mengen guten Heues angefüttert.
- ➡ Wasser immer ausreichend und sauber zur Verfügung stellen!
- ➡ Wäßriger Durchfall gehört umgehend in tierärztliche Behandlung.
- ➡ Dies gilt auch für jede andere Form von Durchfall, die mit Fieber (über 38,0 Grad Celsius), Kolik, Freßunlust oder Störungen des Allgemeinbefindens verbunden ist.
- ➡ Hat ein Pferd über mehr als drei bis fünf Tage trotz diätetischer Maßnahmen stark breiigen Durchfall, sollte ebenfalls eine tierärztliche Untersuchung eingeleitet werden.
- ➡ Grundsätzlich ist die Umstellung auf Weidegang, auch wegen der Kolikgefahr, langsam vorzunehmen und gutes Heu oder Stroh ergänzend anzubieten.

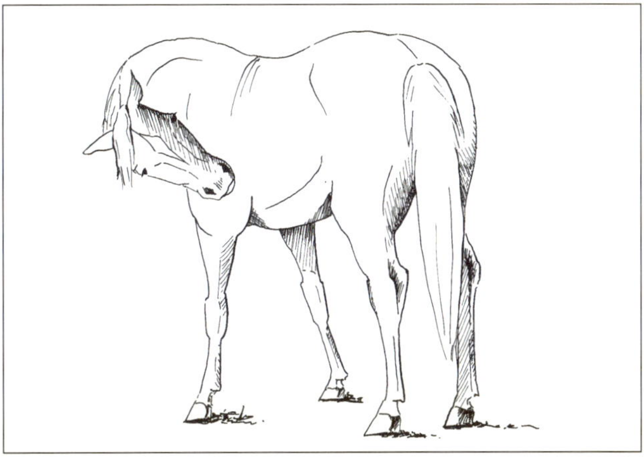

Durchfall in Verbindung mit Koliksymptomen bedeutet höchste Gefahr.

SYMPTOME

- Husten in der Ruhe, beim Spielen, zu Beginn der Arbeit, während des Fressens, nach dem Wälzen
- Anfallsweise oder einzeln, unterschiedliche Tonqualität
- Betroffen: Einzeltiere oder ganzer Bestand
- Begleitsymptome: Fieber, Nasenausfluß, geschwollene Lymphknoten, Störung des Allgemeinbefindens, verminderte Leistungsfähigkeit
- Erhöhung der Atemfrequenz, gelegentlich Atemnot

VERDACHT

Husten

Einer Hustenerkrankung können Veränderungen im gesamten Atmungstrakt, am Herzen und in der Bauchhöhle zugrunde liegen.

Die Palette der Grunderkrankungen reicht von akuten Infektionen über Allergien und Parasiten bis zu lokalen Ursachen in Form von Entzündungen oder Tumoren.

In der Regel ist Husten nur dann unbedenklich, wenn er durch Verschlucken ausgelöst wurde und nur einmalig auftritt. Sonst weist Husten immer auf Erkrankungen hin, deren Ursache tierärztlich abgeklärt werden muß. Auch das oft als „Anstoßen" bagatellisierte chronisch-geringgradige Husten ist pathologisch! Natürlich handelt es sich hierbei nicht um einen Notfall. Trotzdem sind diese Patienten als krank und damit bis zur Klärung der Ursache als nicht leistungsfähig zu betrachten.

In der Pferdehaltung sind Hustenerkrankungen gerade wegen ihrer chronischen und zunächst versteckten Verschlimmerung ein großes Problem. Die Verschleppung solcher Erkrankungen endet für viele Tiere langfristig in Reituntauglichkeit und Euthanasie wegen sogenannter Dämpfigkeit.

Bei der Prophylaxe von Hustenerkrankungen sind Impfungen gegen Virushusten von Bedeutung sowie eine staubreduzierte Aufstallung (Naßheu, Silage, Graspellets, Hobelspaneinstreu) mit sehr guter Luftqualität oder, besser noch, eine Offenbox- oder Offenstallhaltung. Therapeutisch sind diese haltungsverbessernden Maßnahmen sogar noch wichtiger als die medikamentöse Behandlung. Für Pferde mit diagnostiziertem chronischen Husten ist nach Absprache mit dem Tierarzt eine Bewegungstherapie oft sehr wichtig.

Vorsicht ist aber immer geboten, wenn plötzliche Atemnot oder Fieber auftreten.

Verwechslung: **Man sollte immer an eine noch nicht erkannte Schlundverstopfung denken (s. S. 48 f.) und gegebenenfalls das Teilsymptom der Atemnot (s. S. 120 f.) gesondert abschätzen. Für den Sonderfall „Virushusten" s. S. 62 f.**

MASSNAHMEN

- Bei plötzlichem Husten Körpertemperatur und Atemfrequenz messen. Außerdem auf weitere Symptome achten.
- Einzelnes Husten ohne erkennbare weitere Beeinträchtigungen, insbesondere ohne Fieber und Atemnot, sollte in den nächsten Tagen tierärztlich untersucht werden.
- Das Pferd kann in diesem Fall, wenn es willig folgt, leicht geritten werden. Verstärkt sich der Husten dadurch oder wird die Atmung erschwert, ist die Bewegung vorsichtshalber einzustellen. Weidegang ist wegen der frischen Luft förderlich.
- Starkes und anfallsweises Husten oder gleichzeitiges Auftreten weiterer Symptome, etwa Fieber (über 38,0 Grad Celsius), erhöhte Atemfrequenz (über 16 Atemzüge/Minute) oder Lymphknotenschwellung muß noch am selben Tag untersucht werden.
- Bis dahin Handhabung wie unter „Fieber“ besprochen.
- Reiten ist dann natürlich nicht möglich.
- Bis zur Klärung der Ursache das Infektionsrisiko für den Bestand und Nachbarställe durch größtmögliche Isolierung minimieren.

WAS BRAUCHE ICH?

- Fieberthermometer
- Stethoskop

Fenster in Pferdeställen anzulegen reicht alleine nicht aus – man muß sie auch öffnen!

SYMPTOME

- **Milde Symptome: Flehmen, anfallsweise Scharren, Unruhe, Umsehen nach dem Bauch, Schlagen gegen den Bauch, gestreckte Stellung, ruhiges Hinlegen**
- **Schwere Symptome: Schweißausbruch, rücksichtsloses Hinwerfen, Toben; Puls steigt auf 60 bis 100 Schläge und mehr**
- **Mittlere Symptome: alle Stufen dazwischen. Die Höhe des Pulses kann als Gradmesser genommen werden**

VERDACHT

Kolik

Kolik ist die Sammelbezeichnung für Schmerzen im Bauch- oder Beckenraum.

Zwar sind meistens die Verdauungsorgane betroffen, gelegentlich aber auch der tragende Uterus, Nieren, Blase oder andere Organe. Entsteht die Krankheit aus einer Störung am Magen-Darm-Trakt, liegen die Ursachen zumeist in Fütterungsfehlern: plötzliche Futterumstellung, besonders im Frühsommer auf Weidegang, zuwenig Strukturfutter (Rohfaser) und übertriebene Kraftfuttermengen, überwiegende Strohfütterung bei mangelnder Bewegung, leicht vergärbare Kohlenhydrate, verdorbene Futtermittel (verschimmelt, verheft, vergoren), Verfütterung von Kraftfutter für Geflügel oder Schweine mit für Pferde schädlichen Inhalten (Monensin).

Häufig treten Krampf-, Aufgasungs- und Verstopfungskoliken auf. Grundsätzlich ist jede Kolik als ein Notfall zu betrachten. **Es gibt keine harmlosen Koliken**! Leider bessern sich Krampfkoliken oder milde Verstopfungen gelegentlich von selbst und haben daher dieses für Pferde oft tödliche Vorurteil geprägt.

Sie können aber auch jederzeit in einen lebensbedrohenden Darmverschluß übergehen. Bei Darmverschluß durch Drehung, Lähmung oder Verlagerung eines Darmteils dürfen nur wenige Stunden (!) bis zur Operation vergehen. Verzögerungen bedingen oft, daß Darmabschnitte absterben. Diese müssen entfernt werden, was die Prognose verschlechtert. Außerdem haben spät operierte Patienten mit geschwächtem Kreislauf größere Probleme mit der Narkose. Also: bei jeder Kolik muß baldigst eine tierärztliche Diagnose gestellt werden!

Vorsicht: Werden zunächst tobende Koliker plötzlich sehr ruhig bei unverändert hohem Puls (über 60/min), besteht besondere Gefahr (Darmriß, Einklemmung).

Verwechslung: **Mit Schmerzzuständen anderer Ursache, mit Kreuzverschlag (s. S. 56 f.), selten mit Kreislaufstörungen wie Hitzschlag (s. S. 134 f.). Begleitsymptom bei Vergiftungen (s. S. 140 f.).**

MASSNAHMEN

- **Es eilt immer! Sofort Tierarzt benachrichtigen, Pulswert am Telefon nennen, am besten auch die Körpertemperatur.**
- **Bei kühlem Wetter eindecken, denn Wärme entspannt.**
- **Keine Selbstbehandlung. Kolik ist kein Anwendungsgebiet für Naturheilkunde.**
- **Futter und Wasser aus der Box entfernen, bei Gruppenauslaufhaltung Maulkorb anlegen.**
- **Bei Puls unter 60 Schlägen pro Minute und wenn das Pferd willig folgt, führen.**
- **Tobende Pferde in verletzungsgesicherte Box mit viel Einstreu bringen.**
- **Wälzen ist nicht verboten!**
- **Bis zum Eintreffen des Tierarztes entspannende Massage von Bauch, Ohrgrund und Zahnfleisch (Tellington-Touch).**

WAS BRAUCHE ICH?

- **Fieberthermometer**
- **Stethoskop**
- **ggf. Decke**
- **ggf. Maulkorb**

Findet man ein Pferd mit verdächtig ruhigem Verhalten vor, so können Abschürfungen an Kopf und Hüfthöckern Hinweise auf eine Stunden zuvor abgelaufene sehr schmerzhafte Darmeinklemmung sein. Die danach eintretende Duldungsphase ist tückisch: Sie wiegt den Besitzer in Sicherheit, während für sein Pferd in Wirklichkeit Lebensgefahr besteht!

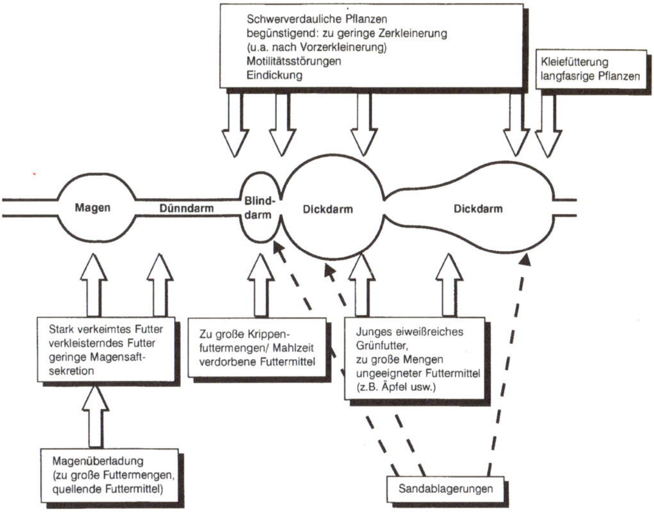

Fütterungsfehler als Ursache für Koliken (in Anlehnung an MEYER 1979)

SYMPTOME

- Bewegungen unmittelbar nach Arbeitsbeginn zunehmend steif und unwillig, Widersetzlichkeit gegen reiterliche Hilfen
- Kruppenmuskulatur verkrampft und schmerzhaft, später Absatz von rot- bis schwarzbraunem Urin
- Zunehmendes Schwitzen, Muskelzittern, in hochgradigen Fällen und bei weiterer Belastung Einknicken in der Hinterhand, Festliegen
- Erhöhte Puls- und Atemfrequenz, Anstieg der Körpertemperatur deutlich über den Normalwert möglich, ängstlicher Gesichtsausdruck

VERDACHT

Kreuzverschlag

Kreuzverschlag (Lumbago) wird auch als Feiertagskrankheit bezeichnet, weil er bei den schweren Arbeitspferden früherer Zeiten häufig nach bewegungsarmen Tagen mit gleichbleibend gehaltvoller, kohlenhydratreicher Fütterung auftrat.

Es handelt sich um eine schwere, schmerzhafte Entzündung der Rücken- und Kruppenmuskulatur. Durch eine Anhäufung von Milchsäure werden Teile der Muskulatur zerstört. Deren Zerfallsprodukte können zu Kreislaufproblemen und Nierenversagen führen.

Als charakteristisch gilt das Auftreten zu Beginn einer körperlichen Belastung und besonders nach mehrtägigen Trainingspausen. Wenn die Arbeit nicht sofort eingestellt wird, droht ein tödlicher Schock. Bei rechtzeitiger Therapie hingegen erholen sich die Patienten in der Regel völlig. Trotzdem ist mit wiederholter Erkrankung anfälliger Tiere zu rechnen, besonders bei Pferden aus warmen Ställen, die bei niedrigen Umgebungstemperaturen zu Beginn der Arbeit ungenügend aufgewärmt werden. Kaltblüter und Pferde mit starker Hinterhand (Quarter Horses) sind besonders gefährdet.

Eine ähnliche Krankheit (*tying-up syndrome*), deren Symptome zunächst weniger dramatisch sind, kann auch **nach** der reiterlichen Belastung auftreten. Hier gelten die gleichen Hilfsmaßnahmen.

Vorbeugend empfiehlt sich, Pferde an Ruhetagen überwiegend mit Rauhfutter zu versorgen und die Kraftfuttermenge um zwei Drittel zu kürzen.

Für anfällige Tiere kann man zusätzlich die Versorgung mit Vitamin E und Selen versuchsweise erhöhen.

Verwechslung: **Selten mit Schwächezuständen bei Hitzschlag (s. S. 134 f.) und völliger Erschöpfung (s. S. 126 f.), dann aber keine Muskelsteifheit.**

MASSNAHMEN

- Arbeit sofort einstellen, auch wenn die Erkrankung zunächst nur geringgradig erscheint, auch nicht transportieren.
- Tierarzt sofort verständigen. Bei Ausritten kommt er zum Pferd ins Gelände. Ist man alleine unterwegs, muß das Pferd notfalls provisorisch angebunden und mit einer Jacke oder einem Pullover über der Lendengegend warmgehalten werden. Zum Weglaufen wird es keine Lust haben.
- Der Tierarzt entscheidet, ob man im Schritt zurückführen darf, im Hänger transportieren muß oder ob zuerst eine Notbehandlung vor Ort erforderlich ist.
- Pferd warm eindecken, besonders Rücken und Kruppe. Wärme entspannt, dämpft den Schmerz und steigert die Durchblutung der Muskulatur. So können Stoffwechselgifte schneller abtransportiert werden.
- Wenn vorhanden, Wasser anbieten.
- Eine Symptomatik nach der Arbeit, die sich von selbst bessert, sollte trotzdem tierärztlich untersucht werden.

WAS BRAUCHE ICH?

- Decke oder
- Pullover, Jacke

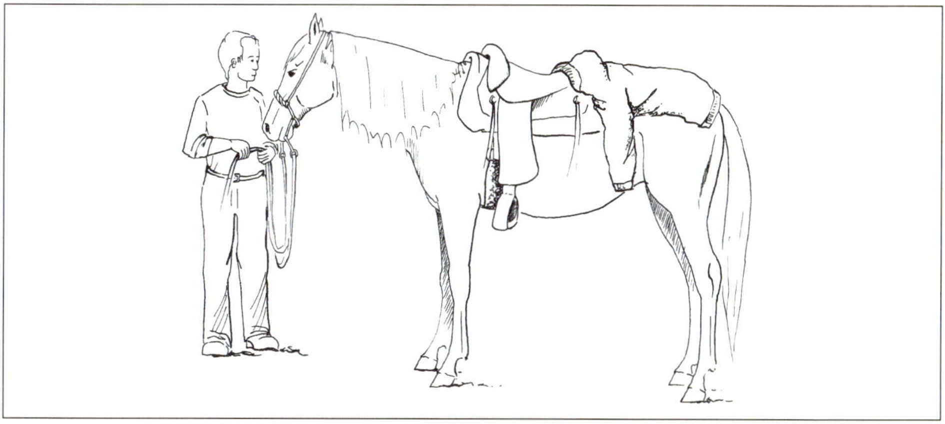

Bei Kreuzverschlag ist Wärme für die Kruppenmuskeln wichtig. Notfalls reicht ein Kleidungsstück.

SYMPTOME

- **Diffuse Schwellungen an Beinen, Kopf, Unterbauch, Penisvorhaut**
- **Nicht entzündlich, daher kühl und nicht schmerzhaft, teigig eindrückbar**

VERDACHT

Ödem

Ödeme sind Ansammlungen von Körperflüssigkeit, die durch Stauungen aus den Blutgefäßen in das Bindegewebe übergetreten ist. Der Grund kann in mangelnder Bewegung und Schwächen des Bindegewebes liegen, zum Beispiel bei den angelaufenen Beinen vor allem älterer Pferde in Stallhaltung. Im Stehen versackt das Blut in den Beinen, das Herz muß verstärkt arbeiten. Durch den Druck des langsam fließenden Blutes treten die nichtzelligen, wäßrigen Bestandteile durch die Venenwand in das umliegende Gewebe. Im Bereich der Beugesehnen können Ödeme das erste äußerlich sichtbare Zeichen einer Überforderung sein.

Sind sie geringgradig, gelten sie in der Regel als harmlos. Trotzdem sollten die Ursachen abgestellt werden: dem Leistungsvermögen angepaßte Arbeit, Bewegungsmöglichkeit im Paddock oder auf der Weide und eine nicht zu eiweißreiche Ernährung.

Höhergradige Ödeme mit massiven Schwellungen, besonders wenn sie neben den Beinen auch Kopf, Unterbauch und Penisvorhaut umfassen, weisen auf schwere Stauungen und Wandveränderungen im Endstromgebiet der kleinen Gefäße hin. Ursachen können sein: Herzschwäche, Veränderungen in der Lunge, Bauchwassersucht, eine heftige Immunreaktion, falsches Futter oder der Beginn einer gefährlichen Krankheit (Petechialfieber).

Ödematöse Schwellungen sind kalt und teigig eindrückbar, eine Phlegmone (Einschuß) ist hingegen warm und schmerzhaft.

Verwechslung: **Vor allem mit einem Einschuß (Phlegmone, s. S. 66 f.).**

MASSNAHMEN

- Geringe Beinödeme klingen nach Abstellen der Ursache von selbst ab. Trockene, gut gepolsterte Druckverbände beschleunigen die Resorption besser als naßkalte Verbände.
- Sofort Tierarzt rufen, wenn Ödeme am Rumpf, Hals oder Kopf auftreten, weitere Symptome (Lahmheit, Schmerz, Müdigkeit) bestehen oder die Schwellung sehr stark ist.
- Vorbeugend gegen angelaufene Beine nach dem Reiten ausgiebig kühlen und Pferd möglichst nicht in reiner Boxenhaltung unterbringen.

WAS BRAUCHE ICH?

- Verbandwatte
- Schere
- selbsthaftende Bandage

Nicht von der Kamera verzerrt, sondern eine extreme Form des Ödems: der Nilpferdkopf. Selbstverständlich ein Notfall!

SYMPTOME

- Über bestimmten Hautarealen trocknet das verschwitzte Fell nach dem Abnehmen des Sattels schneller
- Später Scheuerstellen und Schwellungen
- Verletzungen in der Sattellage mit anderen Ursachen (Biß, Tritt)

VERDACHT

Satteldruck

Sattel- und Geschirrdruck treten trotz sorgfältigen Putzens und gepflegten Leders gelegentlich auf. Besonders gefährdet sind nicht nur dünnhäutige Pferde (Araber, Achal-Tekkiner), sondern auch langfellige Robustpferde, in deren Winterpelz sich Sandkörner leicht verstecken.

Besonders auf Wanderritten sollte daher bereits auf kleinste Anzeichen eines Druckes sofort reagiert werden. Die Tagesetappe reitet man vorsichtshalber nicht zu Ende, sondern führt sein Pferd. Man kann zwei Formen unterscheiden: **Offene** Scheuerstellen entstehen durch Sandkörnchen im Fell, durch unsaubere Satteldecken und harte Lederkanten.

Die Ursache für **geschlossene** Schwellungen liegt meist in Gewebequetschungen in der Tiefe durch Polsterungsfehler im Sattel, Falten im Woilach oder nach Insektenstichen. In kurzer Zeit werden solche Schwellungen zusätzlich wund.

Umfangreiche Satteldrücke mit wunder Haut heilen nur langsam ab. Der dauernde Schmerz kann Verspannungen und einen klammen Gang hervorrufen. Das Pferd ist dann nicht mehr reittauglich.

Ein Sonderfall sind derbe, bindegewebige Knötchen, die mit wechselnder Reitbelastung dicker werden. Nach längeren Reitpausen, bei Benutzung eines anderen Sattels oder eines Gel-Pads verschwinden sie manchmal spontan, um dann später erneut aufzutreten. Der Tierarzt kann diese Veränderungen langfristig mit Medikamenten unterspritzen oder chirurgisch angehen.

Verwechslung: **Mit Insektenstichen (s. S. 94 f.) in der Sattellage. Das Vorgehen ist identisch.**

MASSNAHMEN

- Wenn die Schwellung im Vordergrund steht, fixiert man einen in kaltem Wasser ausgedrückten Schwamm mit einem Deckengurt oder einer elastischen Binde so auf der Druckstelle, daß ein sanfter, aber dauernder Druck ausgeübt wird.
- Liegt das Problem mehr bei der wunden Stelle, gibt man etwas (für Pferde zugelassene) milde Heilsalbe darauf und legt darüber einen leichten, gepolsterten Verband an (Rumpfverband, s. S. 21).
- Nach den Ursachen suchen, Sattel und Decke kontrollieren und der Wunde Zeit zum Ausheilen geben!
- Lokale Entlastung schafft man durch Unterlegen einer weiteren Satteldecke aus Filz, in die über der Druckstelle ein Loch geschnitten wird.

WAS BRAUCHE ICH?

- Schwamm oder Verbandmull
- Deckengurt oder selbsthaftende Bandage
- milde Heilsalbe

Mit einem feuchten Schwamm und einem Deckengurt kann man die Schwellung beim Satteldruck zurückdrängen.

SYMPTOME

- Plötzlich einsetzender trockener Husten, oft mit Fieber und Futterverweigerung
- Nasenausfluß am Anfang nur spärlich und wäßrig, später milchige Konsistenz, Lymphknoten verdickt
- Abgeschlagenheit, wenig Interesse für die Umwelt
- Krankheit erfaßt Nachbartiere oder ganzen Bestand

VERDACHT

Virushusten

Virushusten ist eine akute, infektiöse Erkrankung der Luftwege. Er ist gegen chronische Hustenformen auf allergischer Basis abzugrenzen.

Unabhängig von diesem Ausdruck ist es aber fast die Regel, daß virusbedingte Atemwegserkrankungen der Pferde auch eine bakterielle Sekundärinfektion nach sich ziehen.

Gerade aus diesem Grund ist eine tierärztliche Behandlung unbedingt erforderlich. Nur der Tierarzt kann den Grad der Erkrankung und die Ausdehnung auf andere als die Atmungsorgane beurteilen und eine entsprechende Therapie einleiten.

Die Impfung gegen Influenza- und Herpesviren sollte zur selbstverständlichen Prophylaxe gehören.

Viele Pferde entwickeln im Gefolge eines zunächst problemlos ausheilenden Virushustens einen chronisch-allergischen Husten. Die Allergie richtet sich meist gegen Inhalte des Stallstaubs, vornehmlich gegen die Sporen (Dauerformen) der Schimmelpilze aus Heu und Stroh. Durch eine staubarme Haltung (Offenstall, Naßheufütterung, Hobelspaneinstreu) kann diese Gefahr verringert werden. Umgekehrt ist ein gutes Stallklima mit frischer und staubarmer Luft wichtig, um die Anfälligkeit der Pferde für Viruserkrankungen der Atemwege zu reduzieren.

Wichtig: Eine lungengesunde Haltung mit viel frischer Luft im Offenstall härtet zugleich auch gegen andere Infektionen ab, beugt vielen Krankheiten vor und stabilisiert die Psyche des Pferdes enorm. Es ist eine falsche Aussage, daß Leistungspferde in warmen Einzelboxen gehalten werden müssen, um bei Kondition zu bleiben.

Verwechslung: **Anfänglich mit Druse (s. S. 124 f.), selten mit Schlundverstopfung (s. S. 48 f.), bei welcher allerdings Futter und Speichel aus Maul und Nüstern laufen.**

MASSNAHMEN

- ➡ Akut und fieberhaft erkrankte Tiere nicht reiten!
- ➡ Temperatur messen, fiebernde Pferde (über 38,0 Grad Celsius) vor Kälte und Hitze schützen (gegebenenfalls eindecken).
- ➡ Atemfrequenz messen (Normalwert: 8–16 Atemzüge/Minute).
- ➡ Tierarzt innerhalb der nächsten 24 Stunden zu Rate ziehen. Bei Temperaturen über 39,0 Grad Celsius sollte er umgehend bestellt werden.
- ➡ Trockene und zugfreie Unterbringung, aber trotzdem für gute Belüftung sorgen!
- ➡ Zur Vermeidung einer Allergisierung auf Stallstäube das Heu prophylaktisch für zwei Wochen naß verfüttern (mehrere Minuten ganz untertauchen).
- ➡ Weitere Staubreduzierung durch Verwendung von Hobelspänen als Einstreu.
- ➡ Infektionsgefahr für andere Ställe durch weitgehende Isolierung minimieren.

WAS BRAUCHE ICH?

- Fieberthermometer
- Stethoskop

Impfschema Hustenerkrankungen (Influenza- und Herpesviren)

Grundimmunisierung:
Zweimal im Abstand von vier bis sechs Wochen, dann nach einem halben Jahr
Auffrischungsimpfungen:
Jedes halbe Jahr

SYMPTOME

- Blutungen unterschiedlichsten Ausmaßes
- Schnitt-, Riß-, Stich-, Biß- und Trittwunden
- Manchmal mit Lahmheit verbunden

VERDACHT

Beinwunde

Beinwunden sind bei Pferden eine sehr häufige Verletzung. Sie sind, mit Ausnahme ganz sicher nur oberflächlicher Hautwunden (s. S. 90 f.), sehr infektionsgefährdet und sollten daher grundsätzlich unter Verband gestellt werden. Dadurch wird weitere Verschmutzung verhindert, der Schmerz läßt nach, und durch den Druck des Verbandes wird einer Schwellung der Wundumgebung vorgebeugt. Dies erleichtert eine später erforderliche Wundnaht. Auch sind gerade größere Wunden an den Beinen während der Heilung aufgrund der Druckverhältnisse anfällig für die Bildung von „wildem Fleisch", einer überschießenden Gewebszubildung. Auch diese wird durch den kontinuierlichen Gegendruck des Verbandes verhindert.

Achtung!

Besonders in der unteren Beinhälfte liegt die Haut dem Knochen fast direkt auf. Bei Abschnürung stirbt sie ab. Daher kein Beinverband ohne **ausreichende Polsterung** (s. S. 19 f.).

Laien können nicht erkennen, welche Strukturen in der Tiefe betroffen sind. Größte Vorsicht daher besonders in Gelenk- und Sehnennähe und am Kronsaum (s. S. 96 f.). In einem infizierten Gelenk beginnt bereits nach wenigen Stunden die Zerstörung des Knorpels durch bakterielle Stoffwechselprodukte. Auch eine Sehneninfektion hat eine sehr schlechte Prognose. Beschränkt sich eine Infektion anfänglich noch auf die Umgebung eines Gelenks oder einer Sehnenscheide, so kann sie dennoch später auf selbige Strukturen direkt überspringen.

Jede Beinwunde ist tetanusgefährdet (s. S. 136 f.). Außerdem birgt sie das Risiko einer Phlegmone (Einschuß, s. S. 66 f.). Auf Wanderritten sollte man ein fertig zugeschnittenes Stück Polstermaterial, eine sterile Wundabdeckung und eine selbsthaftende Bandage dabei haben, um Beinwunden bis zum Eintreffen des Tierarztes versorgen zu können. Gerade in fremder Gegend kann dies schon einmal länger dauern.

Verwechslung: **Bei stumpfer Verletzung und Lahmheit immer an Knochenbruch denken (s. S. 74 f.). Immer kann die äußere Wunde auch lediglich ein Teil des Gesamtschadens sein!**

MASSNAHMEN

- Nur oberflächliche Hautwunden mit (für Pferde zugelassenem) filmbildendem Abdeckspray versorgen.
- Alle anderen Wunden tierärztlich untersuchen lassen.
- Bis dahin verbinden (s. S. 19 ff.).
- Vorher keine Desinfektionssprays oder -puder benutzen und keine Salben auftragen! Die Übersicht im Wundgebiet geht verloren, die Naht wird erschwert, die Heilung kann behindert werden.
- Auch im Strahl blutende arterielle Wunden können mit einem Druckverband (s. S. 19) in der Regel zum Stehen gebracht werden. Vom Abbinden ist dagegen abzuraten: geringe Wirkung, sehr schmerzhaft für das Pferd, gefährlich für die Helfer!

WAS BRAUCHE ICH?

- Sterile Wundabdeckung
- Polstermaterial
- Schere
- selbsthaftende Bandagen

1. Schweißdrüse
2. Blutgefäßgeflecht
3. Talgdrüse
4. Muskel
5. Haar
6. Unterhaut
7. Lederhaut
8. Oberhaut

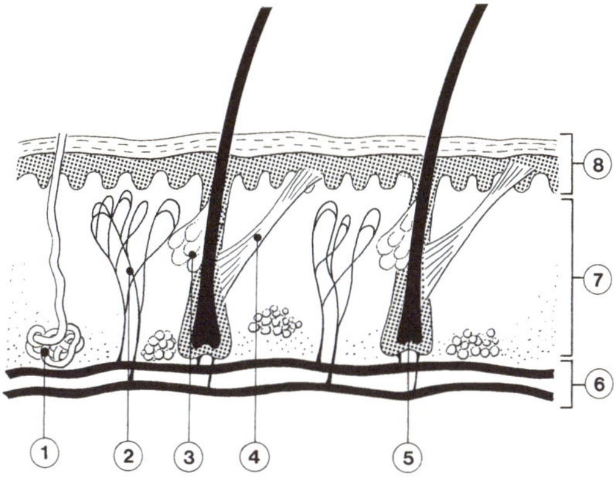

Die Haut ist ein kompliziertes Organ mit vielen Funktionen. Reicht die Verletzung bis zur Unterhaut, besteht Infektionsgefahr (s. S. 66: Einschuß).

SYMPTOME

- Plötzlich auftretende, zunächst flach abgegrenzte, warme Schwellung an den Beinen
- Schwellung wird schnell größer, ganzes Bein kann teigig verdickt sein
- Später heiß, schmerzhaft, mit Lahmheit auf dem erkrankten Bein, das sich nicht mehr beugen läßt
- Körpertemperatur steigt, dann Futterverweigerung

VERDACHT

Einschuß

Einschuß oder Phlegmone bedeutet, daß eiterbildende Bakterien durch kleine, häufig nicht sichtbare Verletzungen unter die Haut gebracht wurden. Die Wunden können auch im dichten Fesselbehang verborgen und durch Dornen oder Drahtspitzen entstanden sein. Die Keime vermehren sich in der Unterhaut und im Bindegewebe. Es entstehen ausgedehnte Zonen entzündlicher Schwellung, das Gewebe wird zunehmend zerstört. Durch die Schwerkraft versackt der Eiter überwiegend nach unten, in Richtung Huf. Über die Blutbahn abgeschwemmte Keime lösen Fieber aus.

Die Mehrzahl der Phlegmonen beim Pferd wird an den Beinen beobachtet, überwiegend unterhalb des Vorderfußwurzel- bzw. Sprunggelenkes. Ohne Therapie können die erkrankten Bereiche abszedieren, also mit Eiter gefüllte Kammern im Gewebe bilden. Diese Eiteransammlungen entleeren sich in der Regel nach außen und ziehen besonders langwierige Wundprozesse und umfangreiche derbe, bindegewebige Zubildungen nach sich. Der Eiter kann aber auch mit schwerwiegenden Folgen in Blutgefäße oder Gelenke einbrechen.

Bei Pferden sollten daher auch kleine Wunden an den Beinen möglichst bald unter einen sterilen, gepolsterten Verband gebracht werden. Stichwunden sind besonders gefährlich. Hier können Keime direkt in Gelenke oder Sehnenscheiden geschoben werden und verheerende Schäden bewirken.

Eine typische Phlegmonewunde ist auch tetanusgefährdet.

Verwechslung: **Phlegmonen im Bereich der Beugesehnenscheide können im Anfangsstadium mit Schwellungen durch frische Sehnenschäden verwechselt werden (s. S. 78 f.). Meist klärt die Vorgeschichte diesen Zweifel. Im Gegensatz zu Ödemen (Wasseransammlungen im Gewebe), die als kalte, teigig eindrückbare Schwellungen in Erscheinungen treten, sind Phlegmonen warm und schmerzhaft.**

MASSNAHMEN

- Bei Verdacht Pferd ruhigstellen.
- Messung der Körpertemperatur (Normalwert: bis 38,0 Grad Celsius) kann Auskunft darüber geben, wie lange das Krankheitsbild bereits besteht.
- Tierarzt sofort benachrichtigen, damit die Therapie schnell beginnen kann.
- Bis dahin die betroffene Gliedmaße intensiv kühlen: Wasser, Eispackung oder Kühlpad benutzen.
- Tetanusschutz anhand des Impfbuches oder anderer Aufzeichnungen überprüfen!

WAS BRAUCHE ICH?

- Fieberthermometer

SYMPTOME

- **Riß vom Tragrand in Richtung Kronsaum oder umgekehrt oder Querriß**
- **Tiefe und Breite unterschiedlich**
- **Lahmheit nur, wenn der Riß bis auf die Lederhaut geht und sich infiziert**

VERDACHT

Hornspalt

Hornspalte (senkrechte Risse) und Hornklüfte (horizontale Risse) können bei beschlagenen wie barhufigen Pferden auftreten. Risse, die vom Tragrand hoch in Richtung Kronsaum laufen, sind weniger gefährlich als solche der umgekehrten Richtung. Ebenso bringen Spalte im Seiten- und Trachtenbereich mehr Probleme als im Zehenhorn. Entscheidend ist die Tiefe, weniger die Länge. Vom Kronsaum ausgehende Risse können die Bildung einer Hornsäule bewirken, die später mit Lahmheit einhergeht. Querverlaufende Risse sind seltener. Sie können aus Verletzungen des Kronsaums entstehen. Kronsaumverletzungen müssen daher immer sorgfältig behandelt und nach Möglichkeit vernäht werden.

Geht der Riß bis auf die Lederhaut, können Bakterien eindringen und dort eine langwierig zu behandelnde Entzündung bewirken. Das Pferd geht lahm, es kann im Extremfall ausschuhen. Dann löst sich die Hornkapsel flächig von der Lederhaut. Die Prognose ist sehr schlecht.

Stark ausgetrocknete, mangelhaft gepflegte Hufe und solche mit loser Wand sind besonders gefährdet.

Je nach Lokalisation sind für die Ausheilung eines Hornwandrisses 6 bis 12 Monate mit intensiver Betreuung durch den Hufschmied und Tierarzt zu veranschlagen. Deren Ziel ist es, die weitere Ausdehnung des Spalts zu verhindern, das Nachwachsen gesunden und stabilen Hufhorns zu ermöglichen und eventuelle Infektionen auszuräumen. In Abhängigkeit von Lage und Ausdehnung wird die Behandlung unterschiedlich vorgenommen. Durch ein spezielles Hufeisen kann der Hufschmied erreichen, daß die Hornwand in dem gerissenen Teil des Hufs frei schwebt.

Manchmal bietet sich der Einsatz von Metallklammern oder anderer mechanischer Verfahren an, die das weitere Einreißen verhindern. Mit Kunstharzen können breite Spalte zeitweise ausgefüllt und überbrückt werden.

MASSNAHMEN

- Vom Tragrand ausgehende Risse durch Einraspeln einer Querfurche am oberen Ende stoppen.
- Vom Kronrand ausgehende Risse am unteren Ende stoppen.
- Querrisse auf beiden Seiten stoppen.
- Furche muß geringgradig tiefer als der Riß sein.
- Baldigst vom Schmied behandeln lassen.
- Bestehen Lahmheit, Wärme oder Schmerz, Tierarzt umgehend verständigen.
- Tetanusschutz kontrollieren!

WAS BRAUCHE ICH?

- Hufraspel

Einen Riß in der Hornwand kann man auch mit zwei linken Händen stoppen – dazu reicht eine Hufraspel.

SYMPTOME

- Mittel- bis hochgradige Lahmheit
- Pulsation an den Arterien des Fesselkopfes verstärkt
- Untersuchung mit der Hufzange zeigt Druckempfindlichkeit bestimmter Hornbereiche auf.
- Manchmal erhöhte Körpertemperatur

VERDACHT

Hufabszeß

Hufabszesse, umgangssprachlich oft als Hufgeschwüre angesprochen, sind zumeist abgekapselte, eitrige Veränderungen im Hufhorn der Wand, der Eckstrebe oder der Sohle. Sie entstehen durch Eiterkeime, die in feinen Hornrissen aufsteigen, sich dort ausbreiten und am Übergang zur gut durchbluteten, schmerzempfindlichen Lederhaut unter Druck stehende Kammern bilden.

Hufabszesse sind meist sehr schmerzhaft, die Pferde stehen nicht selten nur auf drei Beinen. Das Bild ist hochdramatisch und erinnert an einen Bruch. Nachdem der Tierarzt den Abszeß eröffnet hat, läßt der Schmerz aber bald nach. Mußte dabei sehr viel Horn weggenommen werden, empfiehlt es sich danach unter Umständen, für einige Wochen ein Deckeleisen anzubringen, um die Sohle zu schützen und einem Lederhautvorfall vorzubeugen. Bei kleinen Abszessen ohne Fieber ist meist keine antibiotische Behandlung erforderlich.

Unbehandelte Hufabszesse können das gesamte Sohlenhorn unterhöhlen oder am Kronsaum durchbrechen und große Schäden setzen. Außerdem ist eine Keimverschleppung in lebenswichtige Organe möglich.

Ungepflegte, trockene und rissige Hufe neigen verstärkt zu Hufabszessen. Aber auch Pferde, die lange Zeit auf zu kurzen Barhufen laufen müssen, sind anfällig für diese Erkrankung. Wenn das Wandhorn vollständig abgelaufen ist und das Pferd daher auf dem Sohlenhorn läuft, ist ein Hufschutz dringend erforderlich. Das Schmerzempfinden der Pferde orientiert sich nicht an hufpflegerischen Modeströmungen.

Verwechslung: **Bei starken Schmerzen und fehlender Belastung des kranken Beines immer mit Beinbruch (Knochenbruch, s. S. 74 f.). Wird ein Pferd so vorgefunden, ist es im Zweifelsfall wie bei Bruchverdacht zu behandeln, insbesondere absolut ruhigzustellen.**

MASSNAHMEN

- Der Tierarzt sollte noch am selben Tag kommen, bei hochgradiger Lahmheit mit Verdacht auf einen Bruch sogar umgehend.
- Pferd bis dahin nicht unnötig bewegen, bei Bruchverdacht gar nicht.
- Wichtig ist ein gut gepolsterter Hufverband (s. S. 18), der stündlich mit warmem Wasser angegossen wird. Dem Wasser fügt man einen Spritzer Spülmittel oder Seife zu, um eine schnellere Benetzung zu bewirken. Dieses Erweichen des Hufhornes dämpft den Schmerz und erleichtert dem Tierarzt die Eröffnung des Abszesses.
- Impfschutz gegen Wundstarrkrampf unbedingt überprüfen und gegebenenfalls erneuern oder mit einer Serumgabe überbrücken.

WAS BRAUCHE ICH?

- Verbandwatte
- Schere
- selbsthaftende Bandage
- Gewebeklebeband

SYMPTOME

- **Steifer, ängstlicher Gang, Trachtenfußung mit vorgeschobenen Vorderbeinen, Hinterbeine unter der Körpermitte**
- **Weigerung, einen Huf zu geben, weil der Schmerz auf den anderen Hufen dann zunimmt**
- **Festliegen möglich**
- **Hufe warm, Blutgefäße am Fesselkopf prall gefüllt und pulsierend**
- **Schmerzbedingtes Schwitzen, Zittern, Pulserhöhung und gelegentlich kolikartige Symptome**

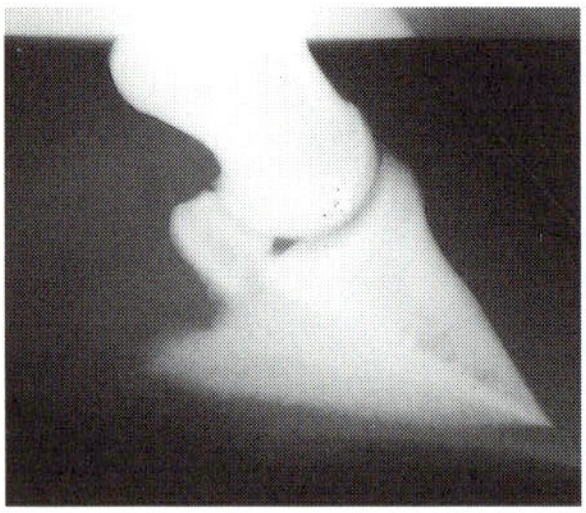

Hufrehe ist ein Notfall, es droht eine Hufbeinsenkung.

VERDACHT

Hufrehe

Hufrehe ist eine äußerst schmerzhafte, nicht infektiöse Entzündung der Huflederhaut. Sie kann durch Ernährungsfehler (rohfaserarme Futterration mit leicht vergärbaren Kohlenhydraten), nach Koliken und Durchfall, akuter Überlastung auf hartem Boden, bei Nachgeburtsverhaltung oder nach der Gabe bestimmter Medikamente auftreten.

Hufrehe kommt an den Vorderhufen häufiger vor als an den Hinterhufen, in der Regel paarweise. Trotzdem können auch alle vier Hufe betroffen sein, oder es kann ein einzelner Huf erkranken. Die letztgenannte Form tritt häufig dann auf, wenn das Nachbarbein durch große Schmerzen, beispielsweise nach Operationen, entlastet und damit das Gewicht vermehrt auf das andere Bein verlagert wird.

Hufrehe ist ein Notfall! Durch die entzündungsbedingte Schwellung der Huflederhaut lösen sich deren Zotten und Blättchen vom Hufhorn ab. Dann kann das Hufbein durch das Gewicht des Pferdes und den Zug der tiefen Beugesehne aus seiner natürlichen Lage bewegt werden. Es drohen eine Drehung oder Senkung des Hufbeines, Durchbruch der Hufbeinspitze durch die Hufsohle und komplettes Ausschuhen (Verlust der Hornkapsel). Nur eine intensive Behandlung innerhalb weniger Stunden kann diesen Gefahren und damit einer Unbrauchbarkeit des Pferdes vorbeugen. Hufrehe eignet sich nicht für eine rein homöopathische Behandlung, besonders nicht in der Anfangsphase.

Besonders nach einer fütterungsbedingten Hufrehe besteht die Tendenz zu rückfallartigen weiteren Reheanfällen. Solche Pferde müssen dann ganzjährig sehr rohfaserreich gefüttert werden (Stroh, grobes Heu, nur wenig und am besten altes, verholztes Weidegras). Für die weitere Behandlung sind spezielle Beschlagformen in Abhängigkeit von der jeweiligen Ausprägung der Krankheit wichtig. Schmied und Tierarzt müssen hier zum Wohl des Pferdes gut zusammenarbeiten.

Das Auftreten einer Hufrehe ist immer eine kritische Situation; auch bei schneller und korrekter Therapie ist die Prognose manchmal unsicher. Besonders wichtig ist daher die Vorsorge!

MASSNAHMEN

- Patient bis zum Eintreffen des Tierarztes nicht unnötig bewegen.
- Legt er sich hin, darf er nicht aufgetrieben werden: Liegende Pferde entlasten den Aufhängeapparat des Hufbeines und mindern damit das Risiko einer Verlagerung desselben.
- Patient auf weichen Boden stellen: Box großzügig einstreuen, am besten mit Sand oder Spänen.
- Hufverband (s. S. 18 f.) anlegen und in kurzen Abständen mit kaltem Wasser angießen. Das dämpft den Schmerz.
- Ideal ist das vorübergehende Verbringen in den schlammigweichen Uferbereich eines natürlichen Gewässers.

WAS BRAUCHE ICH?

- Verbandwatte
- Schere
- selbsthaftende Bandage
- Gewebeklebeband

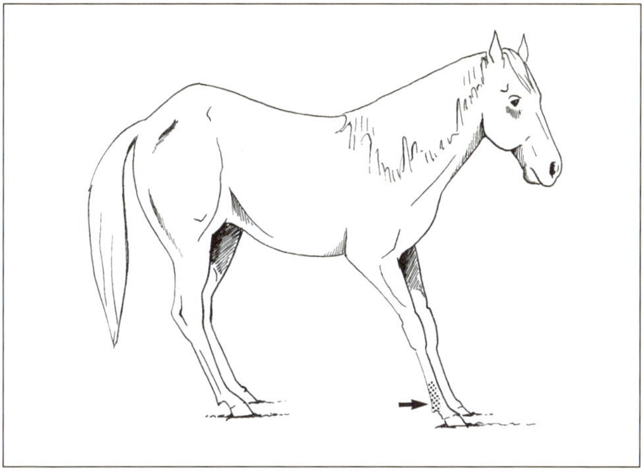

Trachtenfußung bei Hufrehe, Pulsation an den Fesselköpfen fühlbar: Extreme Schmerzen für das Pferd, daher kein Raum zum Abwarten oder für alternative Heilmethoden!

Verwechslung

Eventuell mit Kreuzverschlag (s. S. 56 f.) oder einem Knochenbruch (s. S. 74 f.). Diese Krankheiten treten aber sehr plötzlich auf: Kreuzverschlag im Zusammenhang mit Belastung, das Pferd kann die Beine meist einzeln heben, und es liegt keine Pulsation am Fesselkopf vor. Bei Knochenbrüchen wird das betroffene Bein entlastet, Pulsation am Fesselkopf ist die Regel.

SYMPTOME

- Pferd wird mit mittel- oder hochgradiger Lahmheit vorgefunden
- Geht unter dem Reiter plötzlich hochgradig lahm
- Belastet das Bein nicht, man fühlt eine Stufe im Knochen oder Pulsation, eventuell Bruchenden sichtbar

VERDACHT

Knochenbruch

Knochenbrüche im unteren Beinbereich haben heute eine vergleichsweise gute Prognose.

Liegt der Bruch allerdings im oberen Drittel des Beines, hat er Gelenkflächen zerstört, zu Knochensplitterungen geführt oder umfangreiche Zerreißungen des umliegenden Gewebes bewirkt, sind Heilung und Wiederherstellung der Gebrauchsfähigkeit oft fragwürdig.

Ungünstig ist auch ein offener Bruch. Hier haben Knochensplitter die Haut durchdrungen und die Infektionsgefahr damit deutlich erhöht. Eine Knocheninfektion der Bruchenden stellt eine schwerwiegende Komplikation dar.

Brüche oberhalb von Knie- oder Buggelenk sind im umliegenden Gewebe für den Laien kaum zu erkennen, da sie von Muskulatur umgeben sind. Auch innerhalb des Hufes (Hufbein, Kronbein) ist ein Bruchspalt nicht direkt sichtbar.

Ein Griffelbeinbruch bedeutet keine akute Gefahr, da diese paarig angelegten Knochen keine tragende Funktion haben. Er führt zu Lahmheit unterschiedlichen Grades. Die tierärztliche Therapie richtet sich nach Lage und Kompliziertheit des Bruches. Sie besteht unter Umständen in einem chirurgischen Eingriff.

Eine gute Prognose besteht, wenn der Knochen nur gerissen, nicht aber ganz gebrochen ist, oder wenn die Bruchenden noch dicht beieinander liegen. In diesen Fällen kann eine korrekte Erste Hilfe die Heilung deutlich verbessern, indem sie die Bruchenden in dieser zunächst noch günstigen Lage fixiert.

Verwechslung: **Huf und Hufeisen kontrollieren! Ansonsten mit Hufabszeß (s. S. 70 f.) oder mit Hufrehe (s. S. 72 f.).**

MASSNAHMEN

- Tierarzt sofort rufen, vorher nicht bewegen, nicht transportieren. Tierarzt bei Ausritt ins Gelände bitten.
- Keine Schmerzmittel geben. Sie würden das Pferd zur Belastung des Beines veranlassen.
- Nur notfalls: Stützverband (s. S. 21) zur Fixierung der Knochen anlegen (darunter Polsterverband). Als Schiene eignen sich Äste, Stücke von Kunststoffrohren, eine Hufraspel o. ä.

Diese Maßnahme wird, da für Ungeübte sehr schwierig, nur dann ergriffen, wenn das Pferd ohne Tierarzt auf einen eventuellen Kliniktransport vorzubereiten ist. Absoluten Vorrang hat das Ruhigstellen des Patienten unter Abwarten auf den Tierarzt!

- Bei offenem Bruch nicht schienen, nur die äußere Wunde mit Verband vor weiterer Verschmutzung schützen.

WAS BRAUCHE ICH?

- Ggf. sterile Wundabdeckung
- Verbandwatte oder Verbandmull
- Schere
- selbsthaftende Bandagen
- viel Gewebeklebeband
- Schiene

Achtung!

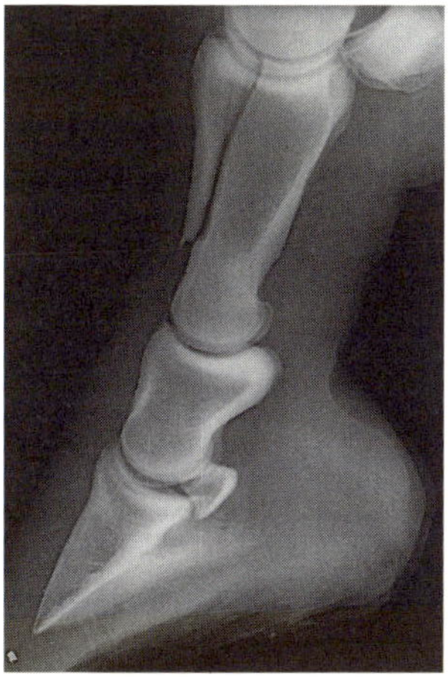

Unkomplizierter Bruch des Fesselbeines, Prognose aber trotzdem zweifelhaft, da Gelenkfläche beteiligt.

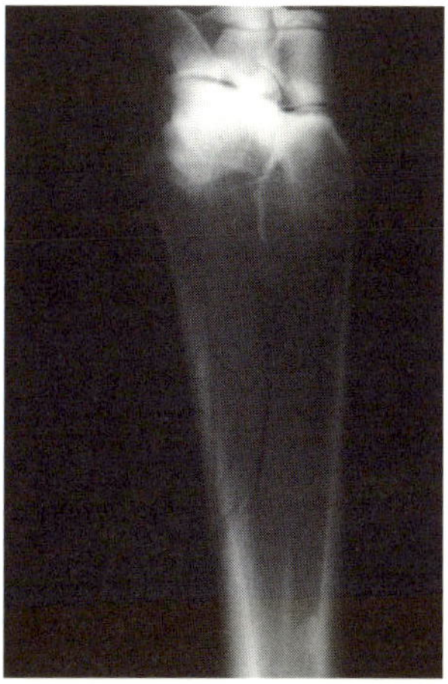

Hier liegt nur ein Knochenriß vor: Prognose bei sofortiger Ruhigstellung und richtiger Erstversorgung gut! Bei falscher Reaktion Ausweitung zum Bruch möglich und deutliche Verschlechterung der Prognose.

SYMPTOME

- **Bewegungsablauf unregelmäßig, unsymmetrisch, nicht mehr fließend**
- **Betroffene Gliedmaße wird vorsichtig aufgesetzt, kürzer nach vorne geschwungen**
- **Beim Auffußen keine volle oder nur kürzere Übernahme des Körpergewichtes**
- **Regel: Das Pferd fällt auf das gesunde Bein („Nicken")**

VERDACHT

Lahmheit

Im medizinischen Sinn sind Lahmheiten Unregelmäßigkeiten des Ganges, die durch einen krankhaften Zustand oder eine schmerzhafte Empfindung (nicht nur der Beine) hervorgerufen werden. Diese Definition sollte aber nicht über die Tatsache hinwegtäuschen, daß jede Lahmheit für ein Pferd mit Schmerzen verbunden ist, auch wenn sie sekundär durch Verspannungen entsteht. Daher: Lahme Pferde sind grundsätzlich nicht reittauglich.

Vor allem geringgradige und unregelmäßig auftretende Lahmheiten können das Resultat falschen, unsensiblen Reitens und chronischer Überforderung eines Pferdes sein. Ein derartig im Ungleichgewicht gerittenes Pferd zieht sich dann wiederum auf lange Sicht organische Schäden am Bewegungsapparat zu.

Der Versuch der Verschleierung von Lahmheiten durch eine Verabreichung der einschlägig bekannten schmerzstillenden Medikamente, auch im Sinne der Leistungssteigerung, durch Laien ohne tierärztliche Untersuchung bewirkt meist eine deutliche Verschlimmerung der krankhaften Veränderung und ist daher abzulehnen. Statt dessen ist aufgrund der unabsehbar großen Zahl von Gründen für eine Lahmheit deren baldige und sorgfältige Klärung unbedingt erforderlich.

Solche Untersuchungen sind langwierig. Oft erfordern sie mehrere Anläufe, besonders bei jenen geringgradigen Lahmheiten, die auf Verschleißerscheinungen der Gelenke, Sehnen und Bänder zurückgehen. Dies ist dann kein Zeichen für diagnostische Schwächen des entsprechenden Tierarztes, sondern eher für ein besonders sorgfältiges Vorgehen.

Falsches Vortraben

Verwechslung: **Bei Kreuzverschlag (s. S. 56 f.) und Hufrehe (s. S. 72 f.) betrifft die Lahmheit nicht nur ein einzelnes Bein. Bei allen Zuständen allgemeiner körperlicher Schwäche (Hitzschlag, s. S. 134 f., Erschöpfung, s. S. 126 f.) wirkt sie oft diffus.**

MASSNAHMEN

- Bei hochgradiger Lahmheit wird das entsprechende Bein gar nicht mehr belastet. Hier besteht unter anderem immer Verdacht auf einen Knochenbruch (s. S. 74 f.) oder ein gravierendes Sehnenproblem (Sehnenschaden, s. S. 80 f.).
- Die Ursache einer hochgradigen Lahmheit möglichst schnell klären. Das Pferd bis dahin nicht bewegen, nicht transportieren. Keine Schmerzmittel verabreichen! Diese könnten den Patienten zu festerem Auftreten veranlassen und das Problem damit verschlimmern.
- Bei geringgradiger Lahmheit (im Schritt nicht erkennbar, wohl aber im Trab) kann bis zu drei Tagen abgewartet werden. Pferd in dieser Zeit ruhigstellen, Kraftfutter um zwei Drittel kürzen (Gefahr von Kolik und Kreuzverschlag). Besser aber den Tierarzt auch hier am nächsten regulären Arbeitstag nachsehen lassen.
- Solche Lahmheiten werden zum Notfall, wenn sie sich innerhalb von Stunden verschlimmern oder im Zusammenhang mit erkennbar ernsten Erkrankungen wie Nageltritt (s. S. 78 f.), Phlegmone (Einschuß, s. S. 66 f.), Hufabszeß (s. S. 70 f.) o. ä. stehen.
- Alle mittelgradigen Lahmheiten sind in Abhängigkeit von den weiteren Symptomen entweder als Notfall zu betrachten und umgehend zu behandeln, oder aber spätestens am nächsten regulären Arbeitstag.

Anmerkung: Selbstverständlich ist die (auch langfristige) Anwendung von schmerzstillenden Medikamenten bei älteren, nicht mehr arbeitenden Pferden, denen mit einer ursächlichen Therapie nicht mehr geholfen werden kann, manchmal sinnvoll: Auch Pferde haben ein Recht auf Schmerzlinderung.

Voraussetzung ist aber eine klare Diagnose und laufende tierärztliche Überwachung von Wirkung und Nebenwirkung der Therapie.

WAS BRAUCHE ICH?

- Ggf. Verbandstoffe

Richtiges Vortraben: Pferd läuft am lockeren Strick geradeaus, auf festem Boden, der Führende trägt Gerte und Handschuhe, in den Wendungen geht er um das Pferd herum, das Pferd wendet nicht um ihn.
Vorsicht: Nie vortraben, wenn Pferd schon im Stand oder Schritt deutlich lahm ist! Ruhigstellen, Tierarzt sofort rufen!

SYMPTOME

- Unterschiedlich starke Lahmheit
- Bei Verletzung während des Reitens tritt plötzliche Lahmheit auf
- Findet man Pferde mit einem Nageltritt vor, sind oft schon Entzündungserscheinungen am Huf festzustellen:
- Pulsation der Arterien am Fesselkopf, vermehrte Wärme
- Beim Aufheben des Hufes ist der eingespießte Gegenstand nicht unbedingt zu sehen!

VERDACHT

Nageltritt

Nageltritte können natürlich nicht nur durch Nägel, sondern auch durch Drahtstückchen und andere metallische Gegenstände hervorgerufen werden. In Ausnahmefällen können auch Glasscherben (Flaschenböden) weiches Strahlhorn bis in die Tiefe durchtrennen. Diese durchdringen die Hornschicht des Hufes und verletzen darunterliegende Gewebe. In einigen Fällen wird nur die schmerzempfindliche Lederhaut beschädigt.

Dramatisch kann es werden, wenn Hufgelenk, Schleimbeutel der Hufrolle, Hufbein oder andere funktionelle Strukturen betroffen sind. Damit ist besonders dann zu rechnen, wenn der Nagel am tiefsten Punkt der Strahlfurche nahe der Eckstrebe eingedrungen ist.

Infektionen im Inneren des Hufes sind nur schwer zu beherrschen und führen oft zur Reituntauglichkeit oder Euthanasie des Pferdes. Ihre Behandlung ist nicht nur langwierig, sondern auch sehr teuer. Außerdem äußern sie sich erst dann mit Schmerzen und Lahmheit, wenn sie bereits gefährlich weit fortgeschritten sind. Die Vorbeugung ist also wichtig.

Überdies ist eine Nageltrittwunde die typische Eintrittspforte für den Erreger des **Wundstarrkrampfes.**

Unabhängig von Ausdehnung und Lahmheitsgrad gehört jeder Nageltritt umgehend in tierärztliche Behandlung.

Vorsorglich sollten Weide und Auslauf auf weitere Gefahrenquellen für die anderen Pferde abgesucht werden.

Verwechslung: **Kaum möglich, wenn der Fremdkörper gefunden wird. Ansonsten denkt man je nach Lahmheitsgrad an einen Hufabszeß (s. S. 70 f.) oder Bruch (Knochenbruch, s. S. 74 f.).**

MASSNAHMEN

- Nagel nicht entfernen! Stichrichtung und Eindringtiefe geben dem Tierarzt Hinweise auf die inneren Schäden.
- Ragt der Nagel so weit über den Tragrand hinaus, daß er bei jedem weiteren Schritt tiefer einzudringen droht, kneift man ihn mit der Zange entsprechend ab.
- Nur im Notfall wird er herausgezogen. Dann aufheben, Stichrichtung und Eindringtiefe merken.
- Als Schutz bis zum Eintreffen des Tierarztes Hufverband (s. S. 18) anlegen.
- Tetanusschutz kontrollieren!

WAS BRAUCHE ICH?

- Verbandwatte
- Kneifzange
- Schere
- selbsthaftende Bandage
- Gewebeklebeband

Nageltritt: den Nagel nicht entfernen! Verband anlegen, Tierarzt benachrichtigen, Tetanus-Impfschutz kontrollieren.

SYMPTOME

- **Plötzliche hochgradige Lahmheit, Durchbiegigkeit in der Fessel**
- **Geringe Lahmheit nach Belastung**
- **Angelaufene Beine, Beugesehnenpakete wadenartig verdickt, warm, druckempfindlich**
- **Vorführen des Beines nicht mehr möglich, knickt über die Fessel nach vorne (Überköten)**

VERDACHT

Sehnenschaden

Sehnenschäden können die Streck- oder Beugesehnen betreffen. An den **Strecksehnen** handelt es sich oft um Unfälle, bei denen diese Strukturen durch Scherben oder andere scharfe Gegenstände durchtrennt werden. Meist heilen aber sogar zerschnittene Strecksehnen nach einigen Monaten völlig aus.

Beugesehnenverletzungen sind gefährlicher.

Eine völlige Durchtrennung entsteht beim Treten in Glasscherben oder metallische Schneiden sowie bei einem Abriß durch Fehlbelastung. Ist der **Fesselträger** betroffen, so spricht man vom Niederbruch: extreme Durchtrittigkeit, hochgradige Lahmheit und Schmerz. Abriß des **Fersensehnenstrangs** oder seines Gegenspielers äußert sich in unnatürlicher, nicht gleichsinnig zum Kniegelenk durchführbarer passiver Beweglichkeit des Sprunggelenkes. Kurz über demselben bilden sich beim Strecken nach hinten deutliche Falten.

Sehnenfaserrisse können unterschiedlich umfangreich sein. In der Regel steigern sich die Symptome parallel zur Menge der zerstörten Fasern. Im Wundgebiet bilden sich schnell Blutergüsse und Ödeme, das Gewebe quillt auf, die Heilung wird so verzögert. Die Vernarbung läuft unter Knötchenbildung ab, Verklebungen mit der Sehnenscheide sind möglich. Dadurch entstehen bei jeder Belastung weitere Reizungen mit nachfolgender Entzündung, die dann das Problem verschlimmert.

Die Prognose ist in Abhängigkeit von Sitz und Umfang der Zerstörungen unterschiedlich, in bezug auf die Brauchbarkeit für Spitzenbelastung sehr vorsichtig zu stellen.

Auch die sogenannten „**dicken Beine**" können eine Reaktion auf überlastete Sehnen sein und sollten den vorsichtigen Reiter zu einer Überprüfung des Arbeitspensums für sein Pferd veranlassen.

Verwechslung: **U. U. mit Knochenbrüchen (s. S. 74), Phlegmone (Einschuß, s. S. 66 f.) oder Ödemen (s. S. 58 f.).**

MASSNAHMEN

- In hochgradigen Fällen Arbeit sofort einstellen, bei starker Lahmheit Rücktransport erst nach Untersuchung durch den Tierarzt.
- Mittelgradige Fälle sofort intensiv mit Eis oder Kältepackung kühlen.
- Wenn nicht möglich, legt man sofort einen straffen trockenen Stützverband an, um das Aufquellen des Gewebes durch Gegendruck zu hemmen.
- Bald tierärztlich untersuchen lassen.
- Gering angelaufene, warme Beine: Zuerst intensiv im Eiswasserbad kühlen, dann trockenen Druckverband anlegen.
- Mehrere Tage absolute Ruhe, dann sehr langsam antrainieren und Anforderungen reduzieren.
- Wiederholt sich die Symptomatik, Tierarzt konsultieren.

WAS BRAUCHE ICH?

- Verbandwatte
- Schere
- selbsthaftende Bandage

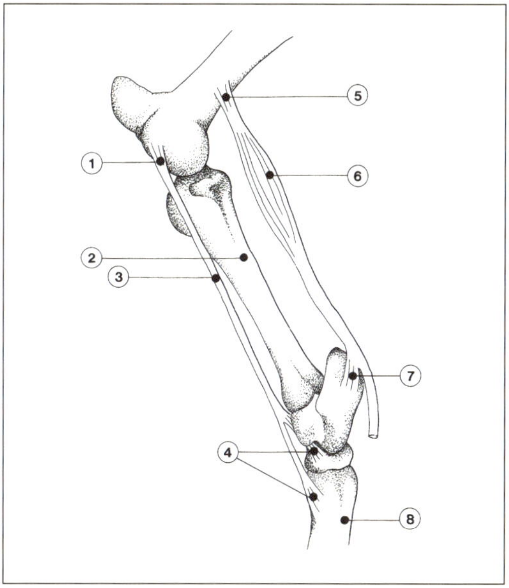

1. Ursprung am Oberschenkelknochen
2. Unterschenkelknochen
3. Gegenspieler des Fersensehnenstranges
4. Ansatzstellen
5. Ursprung am Oberschenkelknochen
6. Fersensehnenstrang
7. Teilansatz
8. Röhrbein

Spannsägenkonstruktion: Kann man das Knie beugen und zugleich das Sprunggelenk strecken, ist der Fersensehnenstrang oder sein Gegenspieler gerissen. Pferd sofort ruhigstellen.

SYMPTOME

- **Kleine, nadelstichartige Verletzungen an Beinen, Maul oder Nüstern**
- **Zweigeteilte, gequetscht erscheinende Fellabschabungen im Rücken- und Kruppenbereich**

VERDACHT

Bißverletzung

Auch kleinste Bißverletzungen sind bei Pferden sehr ernst zu nehmen. Hundebisse infizieren sich wegen der nadelstichartigen Zahnabdrücke sehr leicht und können umfangreiche, eiternde Entzündungen hervorrufen. Auf den ersten Blick ist die Tiefe solcher Wunden schwer abzuschätzen. Oft sind funktionelle Strukturen in der Tiefe betroffen, an den Beinen etwa die Gelenke oder Sehnenscheiden. Auch wenn solche empfindlichen Gewebe zunächst unverletzt bleiben, kann sich die Entzündung nach Tagen dorthin ausbreiten.

Findet man Pferde, besonders auf abgelegenen Weiden, mit Verletzungen vor, die Hundebissen ähnlich sind, sollte auch an Füchse (Tollwut) gedacht werden.

Nur bei wirklich großen, gezielt beißenden Hunden sind bedrohlich blutende Wunden an der oberen Beinhälfte oder am Hals zu erwarten. Solche Situationen sind eher selten.

Im Gegensatz zu Hunden beißen Pferde quetschend. Bleibt die Haut weitgehend intakt, so resorbiert sich der Bluterguß bald. Sehr große Blutergüsse sollte man vom Tierarzt behandeln lassen, da bei ihrer bindegewebigen Organisation verunstaltete Hautbezirke zurückbleiben können. Werden Pferde von Artgenossen in den Rücken gebissen, muß man mit dem Reiten einige Tage aussetzen.

Sind bei dem Pferdebiß jedoch Keime unter die Haut verschleppt worden, breiten sie sich in dem gequetschten Gewebe schnell aus. Liegt die Wunde oben im Rücken- oder Kruppenbereich, versacken die Keime bodenwärts und können umfangreiche, flächige Schäden anrichten.

Verwechslung: **Kaum möglich, wenn man die Gesamtsituation mitberücksichtigt. Es sind die Maßnahmen für Tiefenwunden (s. S. 106 f.) und Phlegmone (Einschuß, s. S. 66 f.) zu beachten.**

MASSNAHMEN

- Wunden unter Verband stellen (s. S. 16 ff.).
- Umfangreiche Pferde- sowie alle Hundebisse werden tierärztlich untersucht.
- Tetanusschutz überprüfen!
- Bei Hundebissen zuzüglich den Tollwut-Impfschutz kontrollieren!

WAS BRAUCHE ICH?

- Sterile Wundabdeckung
- Verbandmull oder Verbandwatte
- Schere
- selbsthaftende Bandage

Pferde beißen quetschend. Während sich kleinere Blutergüsse meist schnell resorbieren, kann ein Durchtrennen der Haut mit Keimverschleppung zur Ursache für schwere Infektionen werden.

SYMPTOME

- **In größerem Umfang meist nach Stall- oder Hängerbrand**
- **Größere Zerstörungen von Haut, Unterhaut und Bindegewebe**
- **Schwerer septischer Kreislaufschock**

VERDACHT

Brandwunde

Verbrennungen zerstören die Haut als größtes Stoffwechselorgan. Wasserhaushalt, Atmung und Infektionsabwehr werden massiv geschädigt. Bei umfangreichen Verbrennungen kann durch Gifte aus dem verbrannten Gewebe ein schwerer, lebensbedrohlicher Kreislaufschock einsetzen. Solche Patienten benötigen eine Intensivtherapie mit Infusionen.

Nach der akuten Phase besteht die Gefahr großflächiger Infektionen, da die Haut ihre natürliche Funktion als erste Abwehrbarriere des Körpers nicht mehr erfüllen kann. Die Heilung einer Brandwunde wird besonders schwer und entsprechend langwierig bei umfangreichen zusammenhängenden Zerstörungen ohne dazwischenliegende intakte Hautinseln, von denen gesunde Zellen nachwachsen können.

Verbrennungen 1. und 2. Grades äußern sich mit Rötungen, Bläschen und Schwellungen. Wenn nicht mehr als etwa ein Drittel bis knapp die Hälfte der Körperoberfläche betroffen ist, gilt die Prognose als relativ gut. Verbrennungen 3. und 4. Grades bedeuten umfangreiche Zerstörungen auch tieferer Gewebeschichten oder regelrechte Verkohlungen. Sie heilen unter erheblicher Narbenbildung aus und können damit die spätere Nutzung des Tieres beeinträchtigen. Ist etwa die Hälfte der Hautfläche oder mehr verbrannt, gehen die Patienten in der Regel ein.

Großflächige Verbrennungen sind bei Stall- oder Hängerbränden zu erwarten. Kleinflächige Brandwunden beurteilt man je nach Ausdehnung als Hautwunde (s. S. 90 f.) oder Tiefenwunde (s. S. 106 f.).

Im Zweifelsfall überläßt man die Einordnung dem Tierarzt.

MASSNAHMEN

- Kleine Verbrennungen mit einem sehr lockeren sterilen Verband abdecken, diesen mit Trinkwasser gegen Verklebungen anfeuchten!
- Großflächige Brandwunden bis zur Endversorgung mit sauberen feuchten Tüchern ohne Druck abdecken, um die Infektionsgefahr zu vermindern.
- Tränkwasser anbieten, für temperaturneutrale Umgebung sorgen (nicht zu kalt, nicht zu warm).

WAS BRAUCHE ICH?

- Sterile Wundabdeckung
- Verbandmull
- Schere
- selbsthaftende Bandage
- ggf. großes dünnes Baumwolltuch

SYMPTOME

- **Gesträubte Haare, schorfige Knötchen, Krusten oder wunde Stellen auf der Haut**
- **In einigen Fällen Juckreiz, Unruhe, Scheuern**

VERDACHT

Ekzem

Der Ausdruck „Ekzem" ist ein Sammelbegriff für unterschiedliche Hauterkrankungen.

Ursächlich kommen verschiedene Faktoren in Betracht. Hautentzündungen im engeren Sinn werden durch Milben und Pilze hervorgerufen, sie können aber auch durch Futtermittel wie Kartoffeln und Schlempe oder durch Sonneneinstrahlung nach Aufnahme von photosensibilisierenden Stoffen (Johanniskraut) ausgelöst werden. Der Juckreiz ist in diesen Fällen meist nur gering. Ein typisches Beispiel ist die Mauke.

Durch Kontaktstoffe wie Lederpflegemittel, Pferdekosmetika und pflanzliche Stoffe (Nesseln, Wolfsmilchgewächse, Disteln) entsteht eine unterschiedlich stark juckende Hautentzündung mit Haarausfall und Krustenbildung.

Schließlich können allergische Reaktionen zu Reizungen der Haut führen. Diese gehen zumeist mit erheblichem Juckreiz einher.

Bekannt ist das **Sommerekzem** nördlicher Pferderassen. Hier kommen verschiedene Faktoren zusammen, vornehmlich Fütterungsbesonderheiten, Insektenbefall, Temperatur- und Stoffwechselprobleme.

Ekzeme können sich innerhalb weniger Stunden entwickeln, meist dauert es aber doch einige Tage bis zur vollständigen Ausprägung des Krankheitsbildes. Sie stellen keinen Notfall dar, können durch den Juckreiz aber eine große Belastung sein. Besonders auf Pferde mit Sommerekzem muß unbedingt Rücksicht genommen werden. Solche Patienten ohne kühlen und dunklen Stall im Sommer auf eine Weide zu stellen ist Tierquälerei.

Außerdem kann nur eine rasche Abstellung der Ursache die zeitweilige oder langfristige Reituntauglichkeit durch Schäden in der Sattel- und Geschirrlage verhindern.

Verwechslung: **Ekzematöse Hautveränderungen können die Spätfolge eines Nesselfiebers (s. S. 98 f.) sein. Man denke auch an einen etwaigen Pilzbefall oder an Hautparasiten.**

MASSNAHMEN

- Wenn ohne weitere Symptome und ohne starken Juckreiz, reicht eine Behandlung am nächsten regulären Arbeitstag des Tierarztes.
- Bei starkem Juckreiz aus tierschützerischen Gründen baldigst behandeln lassen.
- Bis dahin kühl und dunkel aufstallen, im Sommer mit Wasser kühlen.
- Milde Heilsalbe (für Pferde zugelassen) auftragen.
- Ursachen suchen: Futtermittel, Kontaktstoffe, Insekten, Pflegemittel…
- Obwohl kein eigentlicher Notfall, sind Ekzeme trotzdem eine ernstzunehmende Erkrankung!

WAS BRAUCHE ICH?

- Wundsalbe

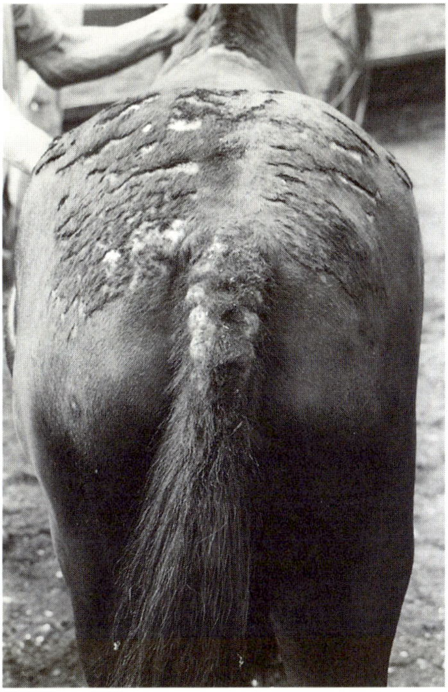

Sommerekzem ist in höhergradigen Fällen für die Patienten sehr belastend. Es muß intensiv behandelt werden, die Haltung ist umzustellen: Insektenschutz und kühler Stall, nur nachts weiden lassen, eiweißarm füttern.

SYMPTOME

- **Fremdkörper in Kopf, Hals, Rumpf oder Beine eingedrungen**
- **Blutung unterschiedlichen Ausmaßes**

VERDACHT

Fremdkörperverletzung

Spektakuläre Unfälle mit in den Rumpf eingespießten Ästen, Zaunlatten oder Wagendeichseln kommen gelegentlich vor und stellen immer eine lebensbedrohliche Situation dar. Steckt der Gegenstand als Pfropf in einem Blutgefäß, kann falsches Entfernen durch Laien tödliche Blutungen hervorrufen. Außerdem ist es dann bei der endversorgenden Operation kaum noch möglich, den Wundkanal exakt zu erkennen, in die Tiefe zu verfolgen und alle infizierten Teile des Fremdkörpers, vor allem Holzsplitter, zu entfernen. Alle im Pferd zurückbleibenden Partikel können aber schwere Entzündungen auslösen. Eine der gefährlichsten Komplikationen ist die oft tödlich endende Bauchfellentzündung.

Aber auch kleine Verletzungen dieser Art können vor allem an den Beinen durch Keimverschleppung in Sehnenscheiden und Gelenke gefährlich sein, wenn sie nicht erkannt oder aber zu spät versorgt werden. Außerdem besteht immer die Gefahr eines Einschusses (Phlegmone). Neben der Abdeckung der Wunde als Schutz vor weiterer Verschmutzung ist es daher wichtig, möglichst bald eine Endversorgung vornehmen zu lassen.

Außerdem empfiehlt sich eine Kontrolle von Stall, Weide oder Auslauf auf weitere Gefahrenquellen für andere Pferde. Lose Holzstapel, landwirtschaftliche Geräte oder Gerümpel in der Nähe von Pferden zu lagern bedeutet immer das Risiko schwerwiegender Verletzungen. Dabei sind neugierige spielende Fohlen und Jungpferde besonders gefährdet.

Verwechslung: **Sonderfälle sind der Nageltritt (s. S. 78 f.), bei dem ein Fremdkörper im Huf steckt, und das Vorliegen eines Augenfremdkörpers (s. S. 32 f.).**

MASSNAHMEN

- Gegenstand nicht herausziehen!
- Tierarzt sofort benachrichtigen.
- Wenn Kliniktransport erforderlich, vorstehende Fremdkörper auf 10 cm kürzen.
- Dann den Stumpf mit zahlreichen Lagen Klebeband oder einem fest verknoteten Baumwolltuch direkt über der Haut umwickeln und so gegen weiteres Eindringen in den Pferdekörper sichern.
- Wunde vorsichtig und ohne Druck mit Verband abdecken.
- Tetanusschutz überprüfen!

WAS BRAUCHE ICH?

- Gewebeklebeband
- Verbandmull
- Schere
- selbsthaftende Bandage

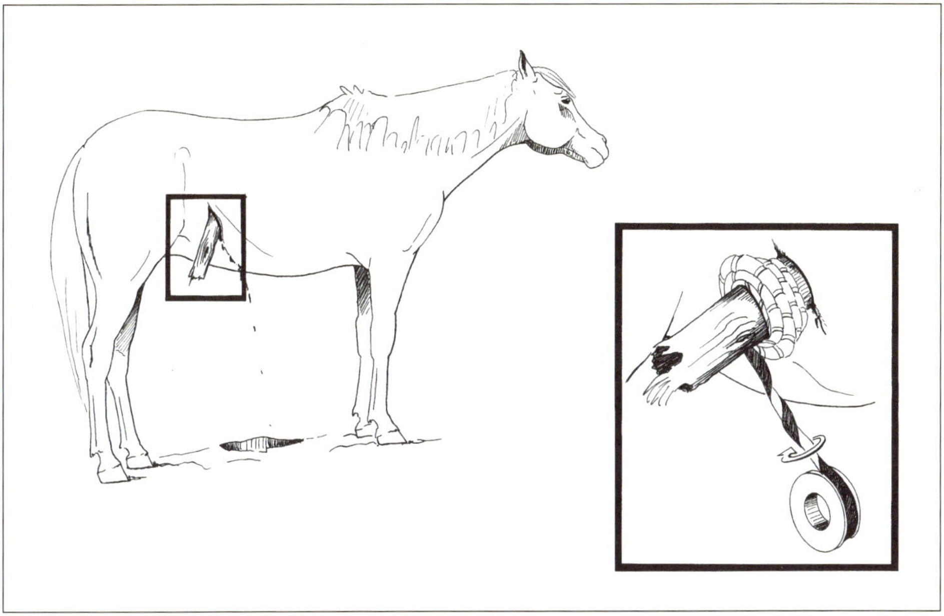

Eingespießte Fremdkörper nicht entfernen! Mit Klebeband vor weiterem Eindringen sichern, bei Transport auf etwa 10 cm kürzen.

SYMPTOME

- Verletzung an Kopf, Rumpf oder Beinen, klein und wenig blutend
- Nicht oder nur ganz gering verschmutzt
- Keine Wundtaschen oder -höhlen, die Wunde geht offensichtlich nicht durch die Haut hindurch
- Umgebung der Wunde nicht geschwollen oder schmerzhaft
- Pferd zeigt keine Lahmheit

VERDACHT

Hautwunde

Haut- oder Oberflächenwunden sind Verletzungen, die die Haut nicht durchtrennen und daher nicht in tiefere Gewebeschichten reichen. Ein Sonderfall sind Schürfwunden (s. S. 100 f.).

Solche Wunden sind in der Regel harmlos, besonders wenn sie an Kopf und Rumpf auftreten, da die Verschmutzungsgefahr hier geringer ist als an den Beinen. Sie bedürfen keiner tierärztlichen Behandlung.

Wichtig ist es für die Beurteilung aber, daß die Ausdehnung der Wunde klar zu erkennen ist. Wenn ein versteckter Wundkanal in die Tiefe führt, kann dieser leicht zum Ausgangspunkt für eine Phlegmone (Einschuß, s. S. 66 f.) oder Wundstarrkrampf (Tetanus, s. S. 136 f.) werden. Außerdem können dann immer auch empfindliche tiefe Strukturen betroffen sein, etwa Sehnenscheiden oder Gelenke. Oberflächliche Wunden an den Beinen sollte man im Zweifelsfall daher lieber vom Tierarzt kontrollieren lassen, als das Risiko einer verschleppten Infektion einzugehen.

Auch ist es natürlich denkbar, daß die äußere Wunde nur ein harmloser Teil der gesamten Verletzung ist, zum Beispiel nach einem Sturz oder Rangkämpfen mit Bissen und Huftritten. Daher achtet man auf die Wundumgebung, auf Schwellung, Schmerz und Lahmheiten, um zusätzliche Probleme nicht zu übersehen.

Zahlreiche kleine Wunden an den Beinen, am Kopf und den Hüfthöckern können im Einzelfall nach rücksichtslosem Wälzen durch Kolik (s. S. 54 f.) auftreten. Dann ist natürlich höchste Gefahr im Verzuge, auch wenn das Pferd mittlerweile wieder ruhig geworden ist. Gerade diese duldsame Ruhe kann trügerisch sein und das Vorliegen eines Darmverschlusses zunächst verschleiern.

Verwechslung: **Verwechslungsgefahr besteht insofern, als man sicher sein muß, daß die Verletzung die Haut wirklich nicht durchdrungen hat.**

MASSNAHMEN

- Ergibt die sorgfältige Begutachtung der Wunde, daß die Haut nicht durchdrungen ist (siehe auch Abbildung S. 67), kann sie mit einem filmbildenden Wundspray (für Pferde zugelassen) abgedeckt werden.
- Besteht der Verdacht einer Beteiligung tiefer Gewebeschichten, wird nicht vor der Untersuchung durch den Tierarzt gesprayt!
- Größere Verschmutzungen mit Wasserstrahl (Trinkwasser) ausspülen.
- Abdeckung mit Verband nur bei Insektenplage erforderlich.
- An den folgenden Tagen muß die Wunde komplikationslos abheilen, insbesondere ohne Schwellung, Schmerzen oder Lahmheit.
- Bei Zweifel an der Ausdehnung der Wunde oder Verschlechterung an den Folgetagen ist der Tierarzt hinzuzuziehen.

WAS BRAUCHE ICH?

- Wundspray
- ggf. Verbandstoffe

Achtung!

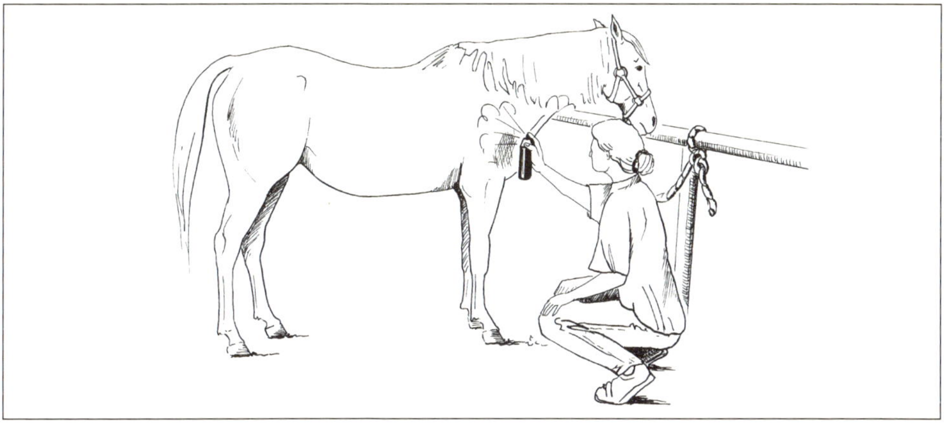

Wenn es ganz sicher ist, daß nur eine Hautwunde ohne Beteiligung tiefer Gewebeschichten vorliegt, kann ein abdeckendes Wundspray aufgetragen werden. Muß der Tierarzt aber nachsehen, benutzt man vorher keine Medikamente.

SYMPTOME

- **Hautabschabungen geringen Umfangs mit relativ großen Schwellungen der tieferen Gewebe**
- **Vornehmlich an Hinterbeinen, Brust, Oberarm und Rippenbogen**
- **Lahmheit trotz offenbar nur kleiner äußerer Wunde**

VERDACHT

Huftrittverletzung

Huftritte kommen bei Weide- und Auslaufhaltung oder gemeinsamen Ausritten gelegentlich vor. Solche stumpfen Traumen sind äußerlich unauffällig, das Problem liegt aber darin, die Schäden in der Tiefe zu beurteilen.

Schläge auf den Rumpf werden in der Regel durch Haut und Muskulatur abgefangen. Schmerzhafte Blutergüsse vergehen schnell. Ist der Bluterguß allerdings sehr groß, kann eine tierärztliche Behandlung erforderlich werden, um Folgeschäden durch Narbenbildung zu verhindern. Tritte gegen die Beine können die Bildung einer knöchernen Zubildung, eines Überbeins, bewirken. Überbeine sind oft nur ein Schönheitsfehler, können aber auch die Funktion von Sehnen und Sehnenscheiden beeinträchtigen und dann zu Lahmheiten führen. Verletzungen an den Gelenken sind selten, der spektakuläre Beinbruch nach Pferdetritten ist sogar sehr selten.

Der weitaus überwiegende Anteil dieser Verletzungen entsteht bei neu zusammengestellten Pferdegruppen durch die Rangordnungskämpfe in den ersten Tagen. Daher sollte man gewachsene Gemeinschaften nicht unnötig umgruppieren. Werden einzelne Pferde neu in die Herde aufgenommen, so stellt man sie zunächst für einige Tage in einen direkt angrenzenden Paddock mit **doppeltem** Elektrozaun, so daß die Pferde sich zwar sehen, riechen und hören können, aber keinen direkten Kontakt haben. Der körperliche Erstkontakt ist dann viel gelassener.

Natürlich läßt sich die Verletzungsgefahr durch **Abnahme der Eisen** stark verringern.

Herdenleben und Außenhaltung bieten einem Pferd enorme gesundheitliche und psychische Vorteile. Das Verletzungsrisiko steht dazu in keinem Verhältnis und wird oft überschätzt.

Verwechslung: **Mit allen Tiefenwunden (s. S. 106 f.) und Hautwunden (s. S. 90 f.) anderer Herkunft. Die Behandlung ist entsprechend.**

MASSNAHMEN

- Hautwunden an Rumpf und Kopf mit einem Abdeckspray (für Pferde zugelassen) versehen. Mäßige Schwellungen des umliegenden Gewebes resorbieren sich meist in kurzer Zeit von alleine.
- Tiefe und stark blutende Wunden müssen tierärztlich versorgt werden. Bis dahin gepolsterten Verband (s. S. 16 ff.) anlegen
- An den Beinen verfährt man nach demselben Schema, sollte hier allerdings nicht nur tiefe, sondern auch oberflächliche Hautwunden bei Schwellung, Wärme oder Lahmheit vom Tierarzt kontrollieren lassen.

WAS BRAUCHE ICH?

- Abdeckspray für oberflächliche Wunden
- sterile Wundabdeckung
- Verbandmull oder Verbandwatte
- Schere
- selbsthaftende Bandage

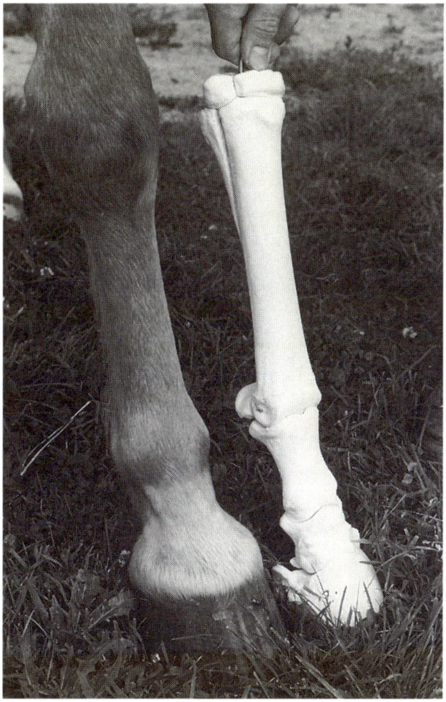

Die Evolution hat das Pferd zum Zehenspitzengänger gemacht: Das ganze Gewicht ruht im unteren Beinabschnitt auf der ehemaligen Mittelzehe. Ein so differenziertes Organ ist natürlich anfällig für Störungen.

SYMPTOME

- **Knötchen, Quaddeln, Blutpunkte an Unterbauch, Brust, Schlauch und Euter**
- **Insekten werden direkt beobachtet**
- **Juckreiz, Unruhe, Scheuern**
- **Später schorfige Krusten, Hautinfektionen, Ekzeme**
- **Lebensbedrohliche Kreislaufprobleme bei Massenanflug von Wespen oder Kriebelmücken**

VERDACHT

Insektenstich

Insektenstiche sind als lokale Veränderungen meist harmlos. In der Sattellage können sie allerdings die Erstursache für Sattelknötchen oder Scheuerstellen werden. Ein Wanderritt muß daher meist unterbrochen werden. Ebenso spielen sie eine wichtige Rolle für das Auftreten des Sommerekzems. Infizierte Stiche können eine großflächige Entzündung der Haut verursachen.

Gefährlich sind allergische Allgemeinreaktionen mit Kreislaufschock. Diese sind aber in der Regel nur bei zahlreichen Stichen von Wespen oder Hornissen zu erwarten. Selten wird ein Pferd beim Verschlucken von Wespen in Maul, Gaumen oder Schlundkopf gestochen. Dann ist ein rasches Eingreifen notwendig, denn ein Erstickungsanfall droht.

Kriebelmücken *(Simuliidae)* stellen im Frühjahr ein besonderes Problem dar. In den Uferzonen begradigter und damit schneller Flußläufe, vor allem im Rhein-Main-Gebiet, fühlen sie sich besonders wohl. Der Massenanflug der ersten Generation im April und Mai fordert alljährlich Todesfälle bei Weidetieren. Das im Speichel enthaltene Gift löst schwere Schockerscheinungen mit Erstickungsanfällen aus. Im Laufe des Sommers gewöhnen sich die Tiere an das Gift. Betroffen sind daher weniger die Offenstallpferde, als vielmehr abrupt auf Weidegang umgestellte Stallpferde ohne ausreichenden chemischen Insektenschutz.

Allgemein gilt: Eine sommerliche Weidehaltung in insektenreicher Lage, bei der die Tiere ohne dunkle Schutzhütte Tag und Nacht draußen stehen, ist keine Robusthaltung, sondern eine Pferdehölle. Massive Anwendung von effektiven chemischen Insektensprays ist dann unbedingt erforderlich und in einigen Fällen (sumpfige Niederungen, Waldrand, Tallage) ein Aufstallen während der Hauptflugzeit der Insekten unumgänglich.

Verwechslung: **Mit geringgradigem Nesselfieber (s. S. 98 f.), bei welchem die Haut über den Quaddeln aber unverletzt ist.**

MASSNAHMEN

- Bei Störungen des Allgemeinbefindens den Tierarzt umgehend benachrichtigen!
- Stiche in der Sattellage durch Auflegen eines feuchten Schwamms behandeln. Den Schwamm mit einem Deckengurt oder einer elastischen Binde so fixieren, daß er einen sanften, aber dauerhaften Druck auf die geschwollene Stelle ausübt.
- Kühllotionen zur Behandlung von einzelnen Insektenstichen können zusätzlich verwendet werden. Die Wirksamkeit ist aber oft zweifelhaft. Besser: Eine Scheibe rohe Zwiebel auflegen.
- Vorsorge vor weiteren Stichen durch ein Insektenabwehrmittel.
- Stiche in der Maulhöhle und innen im Kehlkopfbereich sind ein Notfall, weil Erstickung droht.

WAS BRAUCHE ICH?

- Schwamm oder Verbandmull
- selbsthaftende Bandage oder Deckengurt

SYMPTOME

- **Verletzung im Bereich des Ballens oder Kronsaums**
- **Auch kleine Wunden dieser Art bluten zu Beginn heftig (Sickerblutungen), die Blutung kommt aber oft von selbst zum Stehen**
- **Ballentritte in der Regel an den Vorderhufen, Kronentritte besonders an der Innenseite der Hinterhufe**

VERDACHT

Kronentritt

Kronen- und Ballentritte kommen bei beschlagenen Pferden häufiger vor und sind meist tiefer als bei barhufigen Pferden. Besonders verletzungsträchtig sind Stollen, vor allem solche mit Stahlstiften. Nach längerem Gebrauch wird das weiche Material des Stollens mehr und mehr abgelaufen, während der harte Stahlkern als Dorn übrigbleibt. Auch aus orthopädischen Gründen sind Stollen eine zwiespältige Angelegenheit, da sie den natürlichen Ablauf der Fußung stören können. Ihr Einsatz sollte sich auf unumgängliche Situationen beschränken.

Verletzungen am Kronsaum bluten meist sehr stark, da Krone und Ballen von einem gut ausgebildeten Netz feinster Blutgefäße durchzogen sind, um die für die Bildung des Hufhorns erforderliche intensive Blutversorgung zu ermöglichen. Trotzdem ist die Gefahr des Verblutens an dieser Stelle des Pferdebeins nicht gegeben, da die Gefäße in ihrem Durchmesser zu klein sind.

Viel wichtiger ist es, bei Zerstörungen im Kronsaum durch eine rasche Endversorgung mit Naht die Wundränder so zu adaptieren, daß das empfindliche hornbildende Gewebe keine Dauerschäden davonträgt. Dann nämlich wird in diesem Bereich fortan dünnes, minderwertiges oder Krüppelhorn gebildet und beeinträchtigt die Stabilität des ganzen Hufs erheblich.

Der Kronsaum liegt dicht am Erdboden, daher ist die Verschmutzungs- und Infektionsgefahr groß. Eine verschmierte, geschwollene und mit Keimen übersäte Wunde kann aber kaum noch erfolgreich genäht werden. Es ist deshalb sehr wichtig, die Wunde direkt durch einen Verband abzudecken.

Typische Situationen für das Auftreten von Kronen- und Ballentritten sind Transport und Geländeritte. Auf einen entsprechenden Schutz durch ausreichend lange Gamaschen oder Glocken sollte man nach Möglichkeit achten.

Verwechslung: **Kleine, tiefe Wunden sind anfällig für Phlegmone (Einschuß, s. S. 66 f.) und Tetanus (s. S. 136 f.).**

MASSNAHMEN

- Trotz der meist recht starken Blutungen ist immer noch Zeit, das Wundgebiet vorsichtig auf Ausdehnung und eventuelle Verschmutzungen zu untersuchen.
- Bei starken Verschmutzungen nicht reiben oder mit den Händen in der Wunde suchen.
- Statt dessen mit einem Wasserschlauch oder notfalls aus dem Eimer mit größeren Mengen Wasser (Trinkwasserqualität) abspülen.
- Wenn Sand oder kleine Steinchen festsitzen, darf der Wasserdruck hoch sein.
- Danach Wundumgebung abtrocknen und sofort Druckverband anlegen (s. S. 16 ff.).
- Tierarzt sofort benachrichtigen, Pferd ruhigstellen, Tetanusschutz überprüfen.
- Wenn Wunden sehr stark bluten oder geblutet haben und wenn zugleich keine Verbandstoffe vorhanden sind, unterläßt man das Spülen.

WAS BRAUCHE ICH?

- Sterile Wundabdeckung
- Verbandmull
- Schere
- selbsthaftende Bandage
- Gewebeklebeband

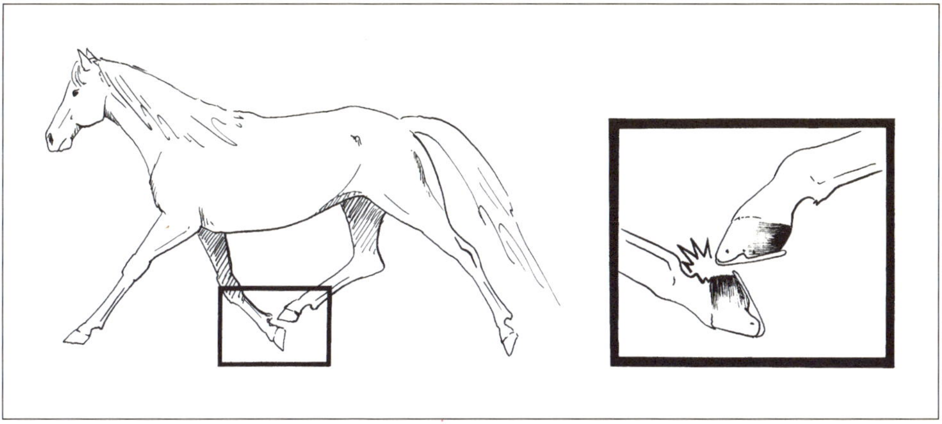

Verletzungen im Bereich des Kronrandes können in der Tiefe das Saumband verletzen. Ohne baldige Wundversorgung, nach Möglichkeit mit Naht, kann sich daraus verkrüppeltes Hufhorn entwickeln.

SYMPTOME

- **Plötzlich auftretende einzelne bis zahlreiche, unterschiedlich große Hautquaddeln**
- **Quaddeln können zu beetartigen Schwellungen zusammenfließen**
- **Sie sind nicht entzündlich, in der Regel auch nicht schmerzhaft oder juckend**
- **Nach einigen Tagen Ausschwitzung von etwas klarer Flüssigkeit**

VERDACHT

Nesselfieber

Nesselfieber (Urtikaria) ist das Symptom einer heftigen Reaktion des Immunsystems, die sich auch auf der Haut zeigt. Ursächlich kommen unverträgliche Futterbestandteile, bestimmte Medikamente oder Kontaktstoffe (Einstreu, Pflegelotionen, Geschirr) in Betracht, aber auch Insektenstiche und andere Reizungen. Außerdem kann Nesselfieber der Vorbote einer gefährlichen Immunkomplex-Krankheit (Petechialfieber) sein, wie sie beispielsweise im Gefolge einer Druseerkrankung möglich ist.

Die Quaddeln sind meist auf Hals und Rumpf lokalisiert, gelegentlich auch nur an den Beinen anzutreffen.

Der Anblick ist sehr eindrucksvoll und beunruhigt Pferdehalter stark. Trotzdem verschwinden die Quaddeln oft innerhalb einiger Stunden von selbst wieder. Es empfiehlt sich aber, nach der Ursache zu forschen, um Rückfällen vorzubeugen und andere Pferde des Bestandes zu schützen.

Gefährlich ist ein Überschießen der allergischen Reaktion in Form von Kreislaufstörungen, die eine baldige Intensivtherapie erfordern. Die Pferde werden dann zunehmend matt und apathisch, legen sich hin, verlieren das Interesse an der Umwelt. Der Puls steigt stark an und wird zugleich sehr schwach.

Etwa ein bis drei Tage nach dem Abschwellen der Quaddeln wird wäßrige Flüssigkeit aus den beetartigen Veränderungen abgesondert. Es bilden sich Krusten, die unter Verlust einiger Haare abfallen. Die Schädigung der Haut reicht aber meist nicht sehr tief. Trotzdem kann man erst dann wieder reiten, wenn Veränderungen in der Sattel- und Gurtlage vollständig verheilt sind.

Verwechslung: **Vorsicht ist geboten, wenn zugleich Schwellungen (Ödeme, s. S. 58 f.) am Kopf oder Unterbauch auftreten. Tierarzt dann sofort verständigen!**

MASSNAHMEN

- Pferd nicht in die pralle Sonne stellen.
- Werden nur einige wenige Quaddeln beobachtet und sind keine weiteren Krankheitserscheinungen festzustellen, kann zunächst einige Stunden abgewartet werden.
- Meist bilden sich die Veränderungen dann zurück. Kühlen ist hilfreich, es sollten aber keine Lotionen oder ähnliches benutzt werden, da sie ihrerseits möglicherweise allergen wirken, sondern nur Wasser, gegebenenfalls mit einem Schuß Obstessig.
- Bei massenhaftem Auftreten von Quaddeln oder zusätzlichen Allgemeinbeschwerden ist der Tierarzt zu benachrichtigen.
- Geritten werden darf erst nach Abklingen der Schwellungen und Verheilen der Krusten, auch um einem Satteldruck vorzubeugen.

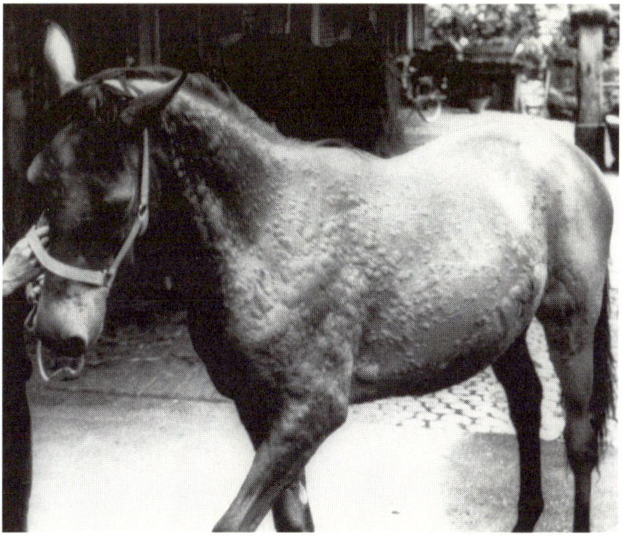

Nesselfieber (Urtikaria) ist behandlungsbedürftig, wenn weitere Symptome auftreten oder das Allgemeinbefinden gestört erscheint.

SYMPTOME

- Flächige Verletzungen, häufig an Hüfthöcker, Kopf, Sprung- und Vorderfußwurzelgelenk
- Abgeschabtes Fell, Haut und Bindegewebe
- Schmutzpartikel in die Wunde eingerieben

VERDACHT

Schürfwunde

Schürfwunden entstehen nach Reibekontakt mit Stalltüren, Weidepfählen und anderen festen Gegenständen sowie nach Stürzen auf Asphalt und Beton. Tiefere Schürfwunden bluten sehr stark, der Blutverlust ist aber nicht erheblich.

Unangenehm sind alle Formen von stark verschmutzten Schürfwunden. Nach Stürzen auf Kies- und geschotterten Feldwegen sind oft zahlreiche Steinchen und Schmutzpartikel in das Gewebe eingerieben. Meist sitzen sie aber nicht sehr tief. Solche Wunden sind selten eine ernste Gefahr, außer bei abriebbedingter Eröffnung eines Gelenks. Typisch ist diese Verletzung nach einem Sturz mit Vollbremsung auf dem Vorderfußwurzelgelenk. Bei Stürzen auf festem Boden kann ein Beckenbruch entstehen. Anschließende Lahmheit, auch am nächsten Tag, muß ernst genommen und nachuntersucht werden.

Schürfwunden an Kopf und Hüfthöcker mit Einstreu im Fell können ein Hinweis darauf sein, daß das Pferd in der Nacht festgelegen oder sich in großem Schmerz rücksichtslos hingeworfen hat (**Kolikverdacht**, s. S. 54 f.). In diesem Fall ist das Allgemeinbefinden vor allem von verdächtig ruhigen Patienten genau zu prüfen: Möglicherweise befinden sie sich im vorübergehend schmerzarmen Zustand eines Darmverschlusses. Diese Duldungsphase tritt manchmal dann ein, wenn Darmteile bereits längere Zeit abgeklemmt sind. Das Pferd „gewöhnt" sich dann an den Schmerz, der völlig abgestorbene Darm schließlich tut nicht mehr weh. Dieser Zustand wird vielfach mit einer Besserung verwechselt. Trotzdem ist der Patient lebensbedrohlich erkrankt und muß sehr schnell operiert werden. Eine abgewandelte Form der Schürfwunde sind auch wundgescheuerte Stellen durch unter die Gamaschen eingedrungene Sandkörnchen.

MASSNAHMEN

- Wunde mit scharfem Wasserstrahl reinigen. Steinchen mit Pinzette entfernen, aber nicht mit Tüchern reiben.
- Danach mit gepolstertem Verband abdecken, mit Trinkwasser anfeuchten, um Verklebungen zu vermeiden.
- Große Schürfwunden, tiefe in Gelenknähe sowie alle mit Lahmheit verbundenen vom Tierarzt kontrollieren lassen.

WAS BRAUCHE ICH?

- Verbandmull
- Schere
- selbsthaftende Bandage

SYMPTOME

- **An unpigmentierten Körperstellen zunächst Bläschen und Rötungen, später Sekret, rissige Krusten und Juckreiz**
- **Als Folgeerkrankung gelegentlich eitrige Hautentzündung, Mauke**

VERDACHT

Sonnenbrand

Sonnenbrand beschränkt sich auf weiße, unpigmentierte Hautpartien, vor allem an Maul, Nüstern und Fesseln. Schimmel, Füchse und Isabellen sind besonders gefährdet.

Die Sonneneinstrahlung muß entweder sehr stark sein, oder es wurden zusätzlich Substanzen aufgenommen, die eine Lichtsensibilisierung bewirken. Johanniskraut, Buchweizen und gelegentlich Klee oder Luzerne enthalten solche Stoffe. Johanniskraut wächst bevorzugt auf trockenen, extensiv genutzten Magerweiden. Es ist eine vorzügliche Heilpflanze, nur eben nicht als Futter.

Auch bestimmte Leberschäden können die Empfindlichkeit gegen UV-Licht erhöhen. Dabei werden Stoffwechselprodukte im Körper angereichert, die eine ähnliche Wirkung haben wie das Johanniskraut.

Früh erkannte Sonnenbrände auf den Nüstern sind meist harmlos, starke Formen und solche an den Beinen können sehr langwierig sein. Hautentzündungen und Infektionen mit Eiterkeimen in der Fesselbeuge sowie Mauke stellen nach Sonnenbrand eine unangenehme Komplikation dar. Die Beine können zusätzlich anlaufen und werden schmerzhaft.

Im Verdachtsfall (Johanniskraut in der Weide, Wanderritt im Hochsommer) Vorbeugung durch Einreiben der weißen Stellen mit Sonnenöl höchsten Lichtschutzfaktors oder Aufstallung während der heißen Tageszeit.

Zu einer artgerechten Weidehaltung gehört für Pferde aller Rassen (besonders für die nördlichen Robustpferde) die Möglichkeit, sich bei starker Sonneneinstrahlung unter dichten Baumkronen, einem Schutzdach oder in einem Offenstall unterstellen zu können.

Verwechslung: **Mit Ekzemen und Kontaktallergien anderer Ursache. Der zeitliche Zusammenhang zur Sonneneinstrahlung ist meist gegeben.**

MASSNAHMEN

- Patient unbedingt schattig unterbringen, Krusten mit milder Heilsalbe (für Pferde zugelassen) behandeln.
- Betroffene Beine unter Verband stellen.
- Bei starker Schwellung, Allgemeinstörungen oder gelben Schleimhäuten Tierarzt rufen.
- Weidebewuchs überprüfen, andere Pferde eventuell umstellen.

WAS BRAUCHE ICH?

- ggf. Verbandstoffe
- milde Heilsalbe

Das gelb blühende Johanniskraut (Hypericum perfoliatum) enthält Hyperizin. Dieser Stoff konzentriert sich in der Haut und kann im Zusammenwirken mit Sonnenlicht eine schwere, sonnenbrandähnliche Allergie auslösen.

SYMPTOME

- Scheinbar kleine Wunden, oft kreisrund geformt, unscheinbar, versteckt
- Schwellung des umliegenden Gewebes
- Geringe Blutungsneigung
- Besonders oft im Fesselbereich

VERDACHT

Stichwunde

Stichwunden entstehen immer noch durch Mistgabeln, häufiger aber durch Dornen, Drahtstücke und metallischen Schrott am Wegrand. Oft sind die Beine betroffen. In der Fesselbeuge werden solche Wunden besonders bei dichtem Haarkleid meist übersehen und wegen ihrer Kleinheit ganz allgemein oft unterschätzt.

Nur selten werden große Blutgefäße getroffen, eventuelle Blutungen kommen schnell zum Stillstand, da sich die Haut elastisch zusammenzieht und das Gefäß auf diese Weise abdichtet.

Stichwunden sind sauerstoffarm und bieten dem Erreger des Wundstarrkrampfs (Tetanus, s. S. 136 f.) damit ideale Voraussetzungen. Dafür müssen die Gegenstände, die die Verletzung verursachten, weder rostig noch besonders schmutzig sein! Fast immer werden bei Stichwunden eiterbildende Keime unter die Haut transportiert und können dort eine Phlegmone (Einschuß, s. S. 66 f.) auslösen.

Außerdem besteht die Gefahr, daß wichtige Strukturen in der Tiefe verletzt wurden: Eine unerkannte Infektion von Gelenk oder Sehne und Sehnenscheide hat eine sehr schlechte Prognose. Für den Beginn der Behandlung zählt jede Stunde, da die Keime bei ihrer Vermehrung Enzyme freisetzen, die Sehnenfasern zerstören und den Knorpel auflösen. Die Behandlung eines infizierten Gelenks kann sehr langwierig werden und ist oft nur bei stationärer Aufnahme in eine Pferdeklinik durchführbar. Daher kann eine sachgerechte Erste Hilfe nicht nur das Pferd retten, sondern dem Besitzer auch große Unkosten ersparen. Das etwas teurere Verbandmaterial der guten Qualität rechnet sich in jedem Fall.

Auch Nageltritte (s. S. 78 f.) und Bißverletzungen (s. S. 82 f.) sind Formen der Stichverletzung.

Verwechslung: **Mit Hunde- oder Fuchsbissen (Bißverletzung, s. S. 82 f.), vor allem, wenn sich die Einstichstellen symmetrisch gegenüberliegen.**

MASSNAHMEN

- Stichwunden an den Beinen sofort unter Verband (s. S. 19 f.) bringen.
- Jede Stichwunde muß tierärztlich kontrolliert werden.
- Man überprüft sofort den Tetanusschutz und im Verdachtsfall (bißartige Wunden) auch den Tollwutschutz.

WAS BRAUCHE ICH?

- Sterile Wundabdeckung
- Verbandmull oder Verbandwatte
- selbsthaftende Bandage

Auch kleinste Stichwunden sind für Pferde sehr gefährlich und sollten unbedingt tierärztlich kontrolliert werden.

SYMPTOME

- Verletzung durchdringt die Haut
- Blut sickert, tröpfelt oder spritzt aus der Wunde
- Tiefere Gewebeschichten offenbar mitbetroffen

VERDACHT

Tiefenwunde

Tiefenwunden haben die Haut durchdrungen und Schäden in der Tiefe des Gewebes gesetzt. Sie können in einigen Fällen stark bluten. Schwere arterielle Blutungen lösen beim Reiter meist Panik aus, sind aber mit einem Druckverband in der Regel beherrschbar. Unterhalb von Vorderfußwurzel- bzw. Sprunggelenk besteht in der Regel keine Verblutungsgefahr, da die Blutgefäße hier einen kleinen Durchmesser haben. Blutlachen auf festem Boden werden leicht überschätzt. Ein Großpferd kann ohne Probleme fünf bis sieben Liter Blut verlieren. Man muß zwar zügig handeln, hat aber trotzdem Zeit für kurzes Nachdenken. Verbände an den Hinterbeinen erregter und zappelnder Pferde dürfen trotz starker Blutungen nicht ohne Sicherung des Helfers (s. S. 10 ff.) vorgenommen werden.

Unterschätzt werden dagegen meist unscheinbare Tiefenwunden mit verdeckter Eröffnung von Gelenk oder Sehnenscheide. Hier führen Infektionen oft zu Reituntauglichkeit oder Euthanasie, wenn Gelenkknorpel zerstört oder Sehnenfasern aufgelöst werden. Dies gilt auch für unübersichtliche Wunden, die aber in der Nähe von Gelenken liegen. Kann man die Tiefe nicht abschätzen, ist Vorsicht geboten.

Richtige Erstmaßnahmen erleichtern die Endversorgung durch den Tierarzt beträchtlich und können Leben und Gebrauchsfähigkeit des Pferdes retten. Das Nähen einer sauberen, nicht ausgetrockneten und nicht geschwollenen Wunde ist viel erfolgreicher. Das gilt auch für Wundsalben und Desinfektionssprays. Diese können nicht nur die Wundheilung verzögern, sondern erschweren auch das Nähen und behindern die Übersicht im Wundgebiet, wenn sie gefärbt sind. In tiefen Wunden haben sie vor der Untersuchung durch den Tierarzt keinen Sinn.

Als Wanderreiter in abgelegener Gegend mit einer stark blutenden Verletzung seines Pferdes konfrontiert zu werden ist nicht sehr angenehm. Am besten hat man dann ein sauber verpacktes Notfallpäckchen mit einem fertig geschnittenen Stück Verbandmull und einer selbsthaftenden Bandage dabei (s. S. 14 f.).

MASSNAHMEN

- Blutungen im Strahl: Die Blutstillung hat Vorrang, Sauberkeit ist weniger wichtig. Kurz nachdenken, die Helfer absichern (s. S. 10 ff.), dann sofort Druckverband (s. S. 19) anlegen.
- Abbinden einer Gliedmaße: wegen unsicherer Wirkung, starker Schmerzen für das Pferd und Huftrittgefahr für die Helfer nicht ratsam.
- Sicker- und Tröpfelblutungen geben genug Zeit, um steril zu verbinden (s. S. 19).
- Impfschutz gegen Tetanus überprüfen!
- Alle Tiefenwunden vom Tierarzt kontrollieren lassen. Nähen ist nur in den ersten Stunden nach der Verletzung möglich.
- Keine Salben oder Desinfektionsmittel auftragen!

WAS BRAUCHE ICH?

- Sterile Wundabdeckung
- Verbandwatte oder Verbandmull
- Schere
- selbsthaftende Bandage

SYMPTOME

- **Nach Bedeckung an der Hand Rißverletzungen an den Schamlippen**
- **Blutungen aus der Scheide**
- **Nach dem Decken zeigt die Stute Anzeichen einer Kolik, Unruhe, häufiges Absetzen kleiner Harnmengen**

VERDACHT

Deckverletzung

Deckverletzungen kommen beim freien Decken in der Herde viel seltener vor als beim Sprung an der Hand. Es ist leicht nachvollziehbar, daß ein natürliches Paarungsverhalten, bei dem sich beide Partner zuerst kennenlernen und die Stute dem Hengst so lange aus dem Weg gehen kann, bis sie deckbereit ist, viel weniger Verletzungsrisiken birgt. Überdies ist die Befruchtungsrate höher. Der Nachteil besteht darin, daß Verletzungen bei extensiver Überwachung der Stutenherde meist zu spät erkannt werden.

Im anderen Fall trifft dagegen ein übermäßig erregter Hengst, der zudem möglicherweise den ganzen Tag in der Box zubringt und nur zu dieser Betätigung herausgeholt wird, auf eine nicht gut vorbereitete, mit Spannstricken und Bremse fixierte und oftmals weit transportierte Stute. Der Unsinn und die Risiken dieser Situation sind offensichtlich. Besondere Vorsicht ist geboten bei der Bedeckung einer Maidenstute mit einem übererregten Hengst, der für Probleme beim Decken bekannt ist.

Zumindest bezüglich des Verletzungsrisikos (und der Befruchtungsrate) ist die künstliche Besamung eine Alternative.

Deckverletzungen können innerlich oder äußerlich sein. Risse am äußeren Genitale der Stute oder Schleimhautverletzungen der Scheide werden meist bei der Nachkontrolle erkannt oder bluten so stark, daß sie auffallen. Solche Wunden sind in der Regel für die Allgemeingesundheit der Stute weniger bedeutsam. Sie können aber ein Hinweis auf weitere, innere Verletzungen sein. Auch beeinträchtigen sie die künftige Fruchtbarkeit, weil durch den mangelhaften Schluß der Schamlippen Keime in das Genitale eindringen und langwierige Infektionen bewirken können. Gefürchtet sind deckbedingte Risse im Scheidenbereich, bei denen Keime in das Bindegewebe oder in die freie Beckenhöhle gelangen. In diesem Fall entwickelt sich meist eine heftige, überwiegend tödliche Bauchfellentzündung.

Verwechslung: **Bei inneren Verletzungen in der Anfangsphase mit Kolik (s. S. 54 f.). Später tritt hohes Fieber auf (s. S. 130 f.).**

MASSNAHMEN

- Äußerlich sichtbare Deckverletzungen unabhängig von deren Größe tierärztlich kontrollieren lassen. Es besteht u. a. die Gefahr reduzierter Fruchtbarkeit durch mangelhaften Schluß der Schamlippen.
- Bei starken Blutungen nimmt man in der Wartezeit auf den Tierarzt saubere Hand- oder Geschirrtücher und tamponiert die Scheide damit straff aus.
- Dabei steht man neben der Stute. Ein Helfer nimmt das gleichseitige Vorderbein hoch, ein weiterer hält den Kopf.
- Jegliche Störungen des Allgemeinbefindens, insbesondere Fieber und kolikartige Schmerzen, die unmittelbar oder bis 48 Stunden nach dem Decken auftreten, sofort tierärztlich kontrollieren lassen.

WAS BRAUCHE ICH?

- Ggf. saubere Tücher

SYMPTOME

- **Anfänglich Lahmheit durch Zugschmerz, das Fohlen wird abgeschlagen**
- **Euter heiß, schmerzempfindlich, derb und hart**
- **Umfangsvermehrung im Schenkelspalt und kopfwärts (Voreuterbildung)**
- **Später Futterverweigerung, Apathie, deutlich erhöhte Körpertemperatur**

VERDACHT

Euterentzündung

Euterentzündungen können während der Trächtigkeit ebenso auftreten wie während der Saugphase oder unabhängig vom Fortpflanzungsgeschehen. Die Krankheit kann auch weibliche Jungtiere und sogar Fohlen betreffen (Hexeneuter).

Die krankmachenden Keime kommen nur dann zum Zuge, wenn eine resistenzschwächende Situation vorliegt: Milchstau durch schwaches Fohlen, das wenig saugt, oder durch plötzlichen Fohlentod, Zitzenverletzungen durch Saugen oder scharfe Gegenstände, Keimübertragung durch stechend-saugende Insekten, verschleppte Infektionen aus anderen Organen, Witterungswechsel und Streß.

Die Entzündung wird vom Pferdehalter oft zu spät erkannt, da die ersten Anzeichen unauffällig sind. Schwere Störungen des Allgemeinbefindens mit Fieber treten bei fehlender Therapie fast regelmäßig auf. Im Gegensatz zur Kuh, die nur einen großen Zitzenkanal hat, besitzt die Stute zwei kleine Milchkanäle pro Zitze. Die lokale Behandlung des Euters durch den Tierarzt mittels Spülungen ist daher nicht leicht durchführbar. Um so wichtiger ist die systemische Therapie, also durch Injektionen und über das Futter.

Bei ungenügender Ausheilung geht die akute Entzündung in ein chronisches Stadium über, das die Milchdrüse irreversibel schädigen kann.

Die Milch einer Stute mit Euterentzündung ist voller Keime und kann infektiös für andere Pferde sein. Das Ausmelken muß daher auf einem gut zu reinigenden, befestigten Boden stattfinden. Die ermolkene Milch wird unschädlich beseitigt.

Verwechslung: **Das physiologische Euterödem kurz vor der Geburt ist weder heiß noch schmerzhaft.**

MASSNAHMEN

- Wichtig ist die rechtzeitige Diagnose und tierärztliche Therapie.
- Wegen der Schmerzhaftigkeit werden erleichternde Maßnahmen wie kaltes Abwaschen meist nicht geduldet und können zu Schlagverletzungen bei den Helfern führen.
- Mit Schlauch und drucklosem Wasserstrahl kann ein Kühlungsversuch unternommen werden.

Schlägt die Stute das Fohlen ohne erkennbaren Grund ab, so kann dies der Hinweis auf eine schmerzhafte Euterentzündung sein.

SYMPTOME

- **Gesund geborene Fohlen erkranken in den ersten Stunden, Tagen, oder der zweiten Lebenswoche**
- **Fieber, reduzierte Sauglust, liegen viel**
- **Gelenke schmerzhaft, vermehrt gefüllt**

VERDACHT

Fohlenlähme

Bei einem regelhaften Verlauf von Trächtigkeit und Geburt nimmt das neugeborene Fohlen, dessen eigenes Immunsystem noch nicht vollständig ausgebildet ist, alle notwendigen Abwehrkörper, die Immunglobuline, in den ersten 24 Lebensstunden über die erste Stutenmilch (Biestmilch, Kolostrum) auf.

Bei verzögerter, unvollständiger oder gänzlich fehlender Kolostrumversorgung in dieser Zeit, etwa durch Frühgeburt, Kaiserschnitt, Milchmangel der Stute, lebensschwache Fohlen oder Abschlagen derselben, bleiben die Neugeborenen ungeschützt. Infektionen mit spezifischen Bakterien können dann, besonders bei weiteren Belastungsfaktoren (Unsauberkeit von Stall und Streu, Umstellung, Lebensschwäche) zur Fohlenlähmeerkrankung mit eitriger Gelenkentzündung, Blutvergiftung und Tod oder späterem Kümmern führen.

Über einen vom Tierarzt im Stall durchzuführenden Schnelltest ist der Immunglobulingehalt im Fohlenblut leicht und sicher bestimmbar. Der Test wird mit Vorteil spätestens bis zur 18. Lebensstunde durchgeführt, um bei Bedarf (niedrige Werte) noch Kolostrum, eventuell auch von anderen Stuten, in mehreren Portionen über die Sonde eingeben zu können. Nach 24 Stunden ist die Darmschranke des Fohlens für die Antikörper nicht mehr passierbar. Dann muß ersatzweise Stutenplasma in größeren Mengen infundiert werden, was für das Neugeborene belastender ist.

Antibiotische Maßnahmen werden nur in bestimmten Fällen, etwa bei bereits ausgebrochener Erkrankung, begleitend vorgenommen. Als alleinige Prophylaxe können sie einen Immunglobulin-Mangel nicht ausgleichen, bei Regelgeburten gelten sie als schädlich.

Eine günstige Zusammensetzung des Kolostrums erreicht man durch frühzeitiges (vier Wochen vor der Geburt) Verbringen der Stute in die Abfohlumgebung. Der Wert von Impfungen wird unterschiedlich beurteilt.

Verwechslung: **Zu Beginn mit anderen fieberhaften Infektionen, zum Beispiel der Atemwege.**

Massnahmen

- Prognose hängt sehr von der schnell einsetzenden Therapie ab. Daher Tierarzt sofort benachrichtigen.
- Isolation von anderen Fohlen des gleichen Alters.
- Optimale Unterbringung: trocken, mit sauberer weicher Einstreu, gute Luftqualität, Stute gut gefüttert und mit gepflegten Hufen.
- Wichtig: Die Bestimmung der Immunglobuline im Blut eines jeden Neugeborenen in den ersten 18 Lebensstunden bietet maximale Sicherheit.
- Fohlen muß innerhalb von ein bis zwei Stunden nach der Geburt mit dem Saugen am Euter beginnen und in den ersten 12 Stunden mindestens eineinhalb Liter Kolostrum trinken.
- Anderenfalls Tierarzt unbedingt schnell benachrichtigen!

Fohlenlähme im fortgeschrittenen Stadium: Gelenkentzündung, Fieber, Festliegen. Ein im Stall durchführbarer Bluttest kann in den ersten Lebensstunden klären, ob das Fohlen durch einen Immunitätsmangel gefährdet ist.

SYMPTOME

- **Nur der Fohlenkopf sichtbar**
- **Kopf und nur ein Bein sichtbar**
- **Nur ein Bein oder drei Beine zugleich sichtbar**
- **Sohlen der Hufe zeigen nach oben**
- **Kopf und Beine geboren, aber Fruchthüllen geschlossen**
- **Geburt stockt vor dem völligen Durchtritt des Kopfes**

VERDACHT

Geburtsstörung

Geburtsstörungen treten in vielen Formen auf. Korrekturbedürftige Störungen sind selten, dann aber meist gravierend. Hilfestellung ist für den Laien unübersichtlich, in vielen Fällen sogar schädlich. Meist besteht die beste Maßnahme darin, den Tierarzt sofort zu benachrichtigen.

Im Regelfall sollen Kopf und Vorderfüße des Fohlens zugleich durch die Scheide treten, wobei die Sohle der Hufe nach unten zeigt und die Fruchthüllen gerissen sind. Bis zur völligen Austreibung vergehen dann im Mittel noch etwa 30 Minuten.

Nur ganz geringe Störungen kann man selbst beheben. Im Zweifelsfall schiebt man das Fohlen besser in die Stute zurück. Solange die Schultergelenke noch nicht zu sehen sind, hat man Zeit, da die Nabelschnur noch intakt ist und das Fohlen mit Sauerstoff versorgt wird.

Das Neugeborene lagert man hinten höher als vorne und streicht Schleim aus Nüstern und Maul mit zuvor gewaschenen Händen. Es sollte direkt nach der Geburt sorgfältig abgetrocknet werden. Nach ein bis zwei Stunden muß das Neugeborene ohne Hilfe stehen können und intensiv am Euter saugen.

Wichtig ist die mehrfache Nabeldesinfektion (Jodtinktur), da der Stumpf dann schneller abtrocknet (Nabelinfektion, s. S. 116 f.). Einer Nabelentzündung wird damit vorgebeugt, und die Keime können nicht über den Nabel in den Körper eindringen und etwa eine Erkrankung an Fohlenlähme verursachen.

Das Darmpech wird vom Fohlen innerhalb der ersten 4 bis 12 Stunden nach der Geburt ausgeschieden. Eine Verhaltung kündigt sich durch Saugunlust, vermehrtes Liegen und Koliken an.

In den ersten beiden Stunden nach der Geburt sollte die Nachgeburt bei der Stute abgegangen sein. Geschieht dies nicht, ist der Tierarzt sofort zu benachrichtigen.

Verwechslung: **Koliken (s. S. 54 f.) bei hochtragenden Stuten und unmittelbar nach der Geburt sind ein absoluter Notfall!**

MASSNAHMEN

- Finger weg!
- Tierarzt benachrichtigen und den telefonischen Anweisungen folgen.
- Wenn die Stute mit der Scheide fest vor einer Wand liegt, auftreiben.
- Kommt bei zunächst regelhafter Lage des Fohlens ein Bein nicht mehr mit, hilft leichter Zug (maximal zwei Personen) mit sauberen Stricken, die über dem Fesselgelenk angelegt werden. Ziehen nur gleichzeitig mit den Wehen (von außen als Bauchpresse sichtbar). Keinesfalls zu früh und zu stark ziehen!
- Öffnen der Eihäute, wenn der Kopf aus der Scheide ausgetreten ist, aber nie mit spitzen Gegenständen.
- In allen anderen Fällen die Geburt bis zur Ankunft des Tierarztes unterbrechen durch Auftreiben und Führen der Stute; dabei das Fohlen maximal weit in die Stute zurückschieben.
- Problemgeburten können die Aufnahme der ersten Stutenmilch (Kolostrum, Biestmilch) durch das Fohlen verzögern. Unbedingt den Immunglobulingehalt im Fohlenblut innerhalb der ersten 18 Stunden nach der Geburt bestimmen lassen, bei Mangel droht u. a. Fohlenlähme!

WAS BRAUCHE ICH?

- Nabeldesinfektionsmittel
- ausgekochte Stricke
- Händewaschmöglichkeit

Achtung!

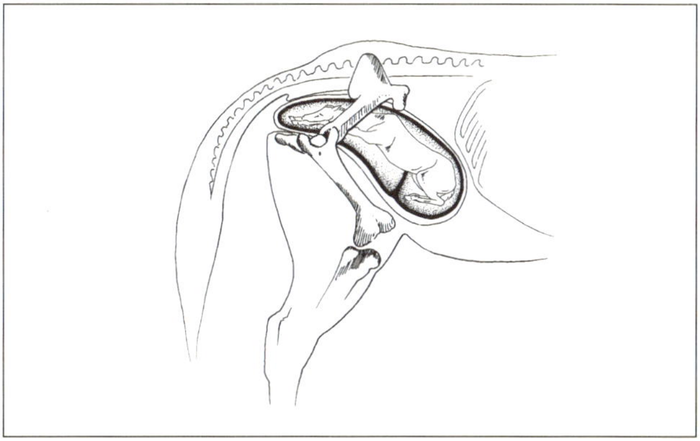

So liegt das Fohlen richtig: Beine gestreckt, Hals gerade, Hufsohlen zeigen nach unten.

SYMPTOME

- **Nabel warm, geschwollen, etwa fingerdick und größer, schmerzhaft**
- **Fieber, mangelnde Sauglust, Abmagerung**

VERDACHT

Nabelinfektion

Nabelinfektionen sind nicht nur eine eigenständige Erkrankung, sondern können auch die Fohlenlähme, von der es verschiedene Formen gibt, begleiten und verschlimmern.

Der Nabel sollte nach der Geburt mehrfach mit Jod desinfiziert werden, um die Austrocknung zu beschleunigen und ihn gleichzeitig als Eintrittspforte für Keime zu schließen. Am dritten Tag ist er dann nur noch maximal bleistiftstark, trocken und druckunempfindlich.

Infektionen des Nabels sind meist eitrig. Solche Eiterherde können sich verkapseln oder unter Abfluß des Eiters nach außen entleeren. Wenn sie nach innen durchbrechen, besteht die Gefahr einer Keimverschleppung über das Blut, beispielsweise in Lunge, Leber und Gelenke, und einer Bauchfellentzündung. An den Folgen der so entstandenen Sekundärinfektionen leiden die betroffenen Fohlen dann lange. Sie wachsen schlecht und kümmern.

Andere Fohlen können durch das Belecken des entzündeten Nabels oder durch Maulkontakt angesteckt werden.

Nabelinfektionen müssen frühzeitig erkannt und intensiv behandelt werden. Eine bereits erfolgte Keimverschleppung macht die Prognose zweifelhaft bis ungünstig. Auch bei völliger Gesundung erleiden diese Fohlen zunächst einen Rückschlag in ihrer körperlichen Entwicklung.

Aufgrund der in der Regel besseren hygienischen Verhältnisse werden Nabelentzündungen, ebenso wie Fohlenlähme, bei Weidefohlen seltener beobachtet.

Verwechslung: **Eventuell liegt eine angeborene Fehlbildung vor, die die Austrocknung des Nabels verhindert. Auch ist ein Nabelbruch denkbar.**

MASSNAHMEN

- Frühes Erkennen verbessert die Heilungserfolge deutlich. Tierarzt sofort rufen.
- Nabel vor allem in der ersten Lebenswoche täglich kontrollieren, dabei aber nicht befingern, nur ansehen!
- Peinlich saubere Einstreu und sonstige Hygiene, am besten Weidehaltung

WAS BRAUCHE ICH?

- Nabeldesinfektionsmittel

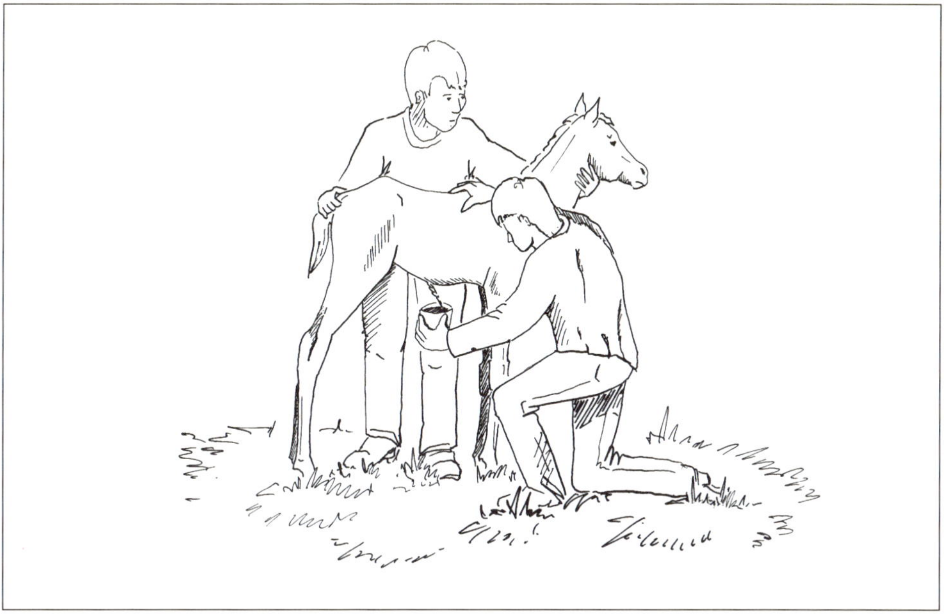

Durch mehrfaches Tauchen in Jodlösung trocknet der Nabel ohne Infektionen ab.

SYMPTOME

- Nachgeburt nicht innerhalb der ersten beiden Stunden nach der Geburt abgestoßen
- Nachgeburt offenbar nur unvollständig ausgeschieden worden

VERDACHT

Nachgeburtsverhaltung

Als Nachgeburtsverhaltung bezeichnet man eine Verzögerung in der Abstoßung der mütterlichen Eihäute nach der Geburt des Fohlens. Diese Krankheit ist bei Stuten eine im Vergleich zu anderen Tierarten gefährliche Situation.

In kürzester Zeit zersetzen sich die in der Gebärmutter verbliebenen Eihäute bakteriell. Dabei werden Gifte frei, die schwere Allgemeinstörungen bis zum Kreislaufschock und vor allem eine Hufrehe, die sogenannte **Geburtsrehe**, auslösen können.

Der Tierarzt wird zunächst versuchen, die Eihäute durch Infusion mit dem wehenauslösenden Hormon Oxytocin auszutreiben. Dies ist die schonendste Lösung und bringt keine Fremdkeime in den Uterus. Wenn die Ablösung nicht medikamentös gelingt, muß sie mit der Hand durchgeführt werden.

Von einem verzögerten Abgang der Nachgeburt spricht man bereits ab zwei Stunden nach der Geburt. Aber auch das Zurückbleiben einzelner Teile der Nachgeburt, zum Beispiel in den Spitzen des Uterus, ist problematisch. Daher ist es auch bei einem regelhaften Abgang der Nachgeburt unmittelbar im Anschluß an die Geburt wichtig, deren Vollständigkeit genau zu kontrollieren.

Dazu sortiert man die Eihäute so auf den Boden, daß die beiden Spitzen nach vorne-oben weisen. Hilfsweise können sie auch mit Wasser gefüllt werden, um fehlende Bestandteile ausfindig zu machen. Im Zweifelsfall fragt man einen erfahrenen Züchter oder den Tierarzt.

Verwechslung: **Bei aufmerksamer Beobachtung der Stute kaum möglich. Denkbar wäre ein Vorfall der Gebärmutter nach der Geburt, welche dann teilweise aus der Scheide heraushängt. Die Unterscheidung dieses massiven, schweren rötlichen Organs von den Eihäuten dürfte aber auch für Laien möglich sein. Auch grober Zug an der noch festsitzenden Nachgeburt kann einen Gebärmuttervorfall bewirken. Bis zum Eintreffen des Tierarztes mit feuchten Tüchern sauber abdecken!**

MASSNAHMEN

- Wird die Nachgeburt nicht innerhalb der ersten beiden Stunden nach der Geburt ausgeschieden, muß der Tierarzt sofort benachrichtigt werden. Es handelt sich um einen Notfall!
- Nicht an den halb aus der Scheide heraushängenden Eihäuten ziehen und keinesfalls in die Stute hineingreifen (Gefahr eines Gebärmuttervorfalls).
- Droht die Stute auf einen heraushängenden Zipfel zu treten, schneidet man diesen in Höhe der Sprunggelenke ab.

SYMPTOME

- Atemfrequenz erhöht, Atmung erschwert
- Patient atmet pumpend und angestrengt, geweitete Nüstern, Bauchflankenatmung
- Mit zunehmender Atemnot ängstlicher Gesichtsausdruck
- Durch den Sauerstoffmangel bläuliche Maulschleimhäute

VERDACHT

Atemnot

Atemnot ist ein Zeichen für erhebliche Störungen an den Atmungsorganen und bedarf in jedem Fall einer umgehenden Klärung durch den Tierarzt noch am selben Tag. **Starke Atemnot ist ein absoluter Notfall.**

Die möglichen Ursachen sind vielfältig. Allergische Schwellungen des Kehlkopfes, zum Beispiel nach Insektenstichen (s. S. 94 f.), können die Luftwege verlegen, Blutungen im Brustraum oder raumfordernde Prozesse in der Bauchhöhle engen die Lunge ein.

Eine häufige Ursache ist chronischer Husten, der sich unter erschwerenden Bedingungen, beispielsweise durch zu hohe Leistungsanforderungen bei feuchtwarmer Witterung, bis zu einem asthmaähnlichen Anfall verschlechtert. In diesem Zustand werden bei jedem Atemzug Lungenbläschen unwiderruflich vernichtet. Bei solchen Patienten helfen meist nur sofort angewendete hohe Dosen Kortison.

In der Praxis kommt es leider nicht selten vor, daß diese Behandlung vom Besitzer wegen vermeintlicher Nebenwirkungen verweigert wird. Höhergradige Atemnot bedeutet aber für ein Pferd **Todesangst**. Der Zustand muß schnell geklärt und noch schneller behandelt werden. Für diese Behandlung ist die Effektivität entscheidend, nicht die alternative Ideologie. Die Nebenwirkungen von kurzwirkenden Kortisonen tendieren bei kontrollierter Anwendung gegen Null. Trotzdem sollte man natürlich intensiv nach Möglichkeiten einer ursächlichen Änderung suchen. Im Falle des chronischen Hustens ist die radikale Umstellung auf staubarme **Außenhaltung** meist die einzige Überlebenschance für den Patienten (Hobelspan- oder Papiereinstreu, Naßheu, Grassilage, Trockengrasprodukte).

Verwechslung: **Aufgrund der symptomatischen Eindeutigkeit kaum möglich. Wichtig ist aber, auch eine vermeintlich geringgradige Atemnot ernst zu nehmen!**

MASSNAHMEN

- Notfall!
- Tierarzt in jedem Fall umgehend verständigen.
- Bis zu seinem Eintreffen alles vermeiden, was den Patienten aufregt und damit den Sauerstoffverbrauch erhöht.
- Keine unnötige Bewegung!
- Nach Möglichkeit auch nicht transportieren.
- Im Sommer achtet man auf einen schattigen Platz. Bei hohen Außentemperaturen ist kaltes Wasser hilfreich, aber nur an den Beinen und nach langsamer, für das Pferd streßfreier Gewöhnung.

Atemnot weist auf eine schwerwiegende Störung hin. Mittel- und hochgradige Atemnot bedeuten Todesangst für das Pferd: ein absoluter Notfall, der keinen Aufschub duldet.

SYMPTOME

- **Nach längerer, stark schweißtreibender Belastung schlechte Erholung**
- **Puls bleibt überhöht bei etwa 60 bis 80 Schlägen pro Minute, Temperatur ist deutlich erhöht**
- **Seitlich des Halses oder über der Schulter aufgezogene Hautfalte verstreicht nur zögernd**
- **Schwankender Gang, Schwäche**
- **Verdauungsprobleme, Kolik**

VERDACHT

Dehydratation

Dehydratation, zu deutsch Austrocknung, bedeutet einen hochgradigen Verlust an Körperwasser, der vom Pferd nicht mehr durch vermehrtes Trinken ausgeglichen wurde.

Ursache kann mangelndes Tränken bei Ausdauerleistungen in großer Hitze sein oder heftige anhaltende Durchfälle.

Als Folge des Wassermangels kommt es zum Erliegen der Urinproduktion mit Nierenschäden und einer Anhäufung harnpflichtiger Stoffe, zur Bluteindickung und Minderversorgung lebenswichtiger Organe mit Sauerstoff. Schließlich entwickelt sich ein tödlicher Kreislaufschock durch Volumenmangel. Dehydrierte Pferde erleiden überdies besonders leicht einen Hitzschlag (s. S. 134 f.). Unter maximaler Arbeits- und Hitzebelastung verliert ein 500-kg-Pferd pro Stunde etwa 10 Liter Schweiß und zusätzlich Elektrolyte (Salz, Kalium, Magnesium, Kalzium, Vitamine). Der Ersatz dieser Mengen durch tatsächlich aufgenommenes Tränkwasser muß genau kontrolliert werden. Im Zweifelsfall bricht man eine Ausdauerleistung rechtzeitig ab.

Vorbeugend empfiehlt sich eine rohfaserreiche Fütterung, da ein voluminöser Darminhalt erhebliche Wassermengen als stille Reserve speichern kann. Während einer Ausdauerleistung füttert man mit Vorteil wasser- und elektrolytreich, also mit Gras, Mash, Möhren, Äpfeln, und bietet dem Pferd immer wieder Wasser an. Konzentrierte Kraftfutter sind hingegen im Wettkampf absolut fehlplaziert, leistungsmindernd und krankmachend. Die isolierte Gabe von handelsfertigen Elektrolyten ist nur selten erforderlich. Sie darf nie ohne gleichzeitiges Wasserangebot erfolgen.

Verwechslung: **Mit Hitzschlag (s. S. 134 f.), dessen Auftreten durch Wassermangel gefördert wird, sowie mit absoluter Erschöpfung (s. S. 126 f.).**

MASSNAHMEN

- Tierarzt sofort benachrichtigen.
- Pferd absolut ruhigstellen, kühl und schattig, bei Hitze mit Wasser kühlen.
- Vorsichtig Wasser anbieten: 2–3 Liter alle fünf Minuten.
- Als Futter sind Weidegras, Mash und Möhren geeignet, da sie wäßrig sind und gern genommen werden.

Dehydriert? Das Aufziehen einer Hautfalte ist über der Schulter aussagekräftiger als am Hals.

SYMPTOME

- Zunächst Abgeschlagenheit, Futterverweigerung, geringer Nasenausfluß und Fieber bis 40,0 Grad Celsius
- Später deutliches und schmerzhaftes Anschwellen der Lymphknoten am Kopf
- Starke Schluckbeschwerden
- Nach Tagen Aufbrechen der abszedierten Lymphknoten, Eiter fließt ab, Fieber sinkt

VERDACHT

Druse

Druse ist eine sehr ansteckende bakterielle Infektionskrankheit mit Vereiterung der Lymphknoten am Kopf. Sie tritt besonders häufig bei Pferden bis zum sechsten Lebensjahr auf und hinterläßt offensichtlich eine lebenslange Immunität.

Obwohl die Symptome sehr dramatisch und für das Pferd in der ersten Phase äußerst unangenehm sind, heilt die Krankheit in der Regel gut aus: Nach dem Aufbrechen der abszedierten (mit abgekapseltem Eiter gefüllten) Lymphknoten und Abfluß des Eiters sinkt das Fieber rasch, und die Patienten erholen sich bald. Gefährlich ist die Krankheit, wenn alte Pferde erstmalig infiziert werden. Der Verlauf ist dann oft sehr heftig, und die Tiere erholen sich schlechter. Fohlen ohne Antikörper erkranken ebenfalls besonders stark, wobei sie zu schweren eitrigen Lungenentzündungen neigen. Problematisch sind auch oft die atypischen Verlaufsformen mit einer sehr gefährlichen Folgekrankheit (Petechialfieber). Deren erste Symptome sind Ödeme an Kopf, Beinen, Unterbauch und Penisvorhaut, in manchen Fällen auch Nesselfieber.

Auch besteht die Gefahr einer Verschleppung von Eiterkeimen über die Blutbahn in andere Organe. Dort werden dann neue Entzündungsherde gebildet.

Schon während der bis zu sieben Tage dauernden Inkubationszeit und noch mehrere Wochen nach der Erkrankung können Bakterien ausgeschieden werden. Dieser Umstand ist bei der Verhütung einer Keimverschleppung in andere Bestände zu berücksichtigen.

Ein relativ gut verträglicher Impfstoff ist vorhanden und sollte genutzt werden.

Verwechslung: **Zu Beginn mit anderen Infektionskrankheiten der oberen Luftwege, vor allem mit Virushusten (s. S. 62 f.).**

MASSNAHMEN

- Wegen Verschleppungsgefahr Tierarzt beim geringsten Verdacht rufen.
- Patienten sofort absolut ruhigstellen, um einer Komplikation der Krankheit vorzubeugen. Temperatur messen. Behandeln wird der Tierarzt nur bei gestörtem Allgemeinbefinden des Patienten, ansonsten ist eine Durchseuchung erwünscht.
- Sofortmaßnahmen zur Verhinderung einer Ausbreitung der Infektion:
- Für verdächtige Pferde besondere Futter- und Tränkeimer, Putz- und Sattelzeug benutzen. Ausbreitung der Infektion läßt sich innerhalb des Bestandes kaum vermeiden, wohl aber Verschleppung in andere Ställe: Vollständiger Kleidungswechsel, inclusive Schuhe, gründliches Waschen von Händen und Haaren!
- Auch Futtermittel, Transporter, Autos, Sattel- und Putzzeug sowie Haustiere können Keime übertragen.
- Treten während der Ausheilung plötzliche ausgedehnte ödematöse Schwellungen an Kopf, Beinen, Unterbauch oder Penisvorhaut auf, Tierarzt sofort benachrichtigen!

WAS BRAUCHE ICH?

- Fieberthermometer

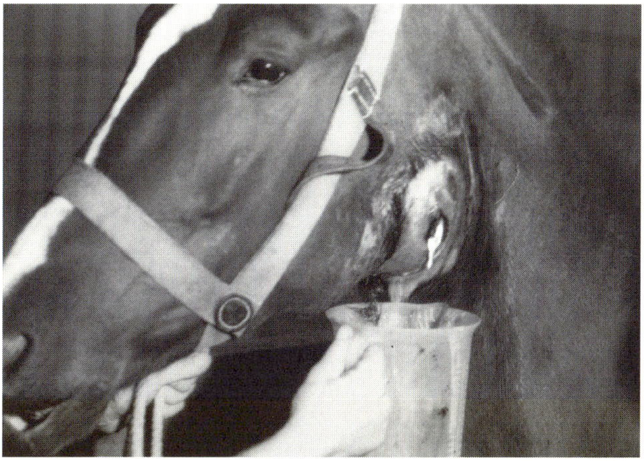

Nach der Öffnung des Druse-Abszesses geht es dem Patienten meist besser. Der Eiter ist sehr infektiös. Häufige Folgeerkrankung nach Druse: Petechialfieber, das mit Ödemen (s. S. 58 f.) beginnt.

SYMPTOME

- Mangelnde Regeneration, besonders in der Herzfrequenz (Normalwert: 28–40 Schläge/Minute)
- Später apathisch und abwesend, schwankende Bewegungen
- Hinlegen trotz unruhiger Umgebung

VERDACHT

Erschöpfung

Völlige Erschöpfung eines Pferdes kann durch akute Krankheiten oder reiterliche Überforderung entstehen.

Es darf einfach nicht geschehen, daß Pferde bei Ausdauerprüfungen jeglicher Art bis an den Rand ihrer Leistungsfähigkeit belastet werden. Mangelnde Kondition oder erschwerende Bedingungen wie Sommerhitze, psychischer Streß und nicht erkannte Erkrankungen müssen vom Reiter rechtzeitig mit einer Reduzierung seiner Anforderungen beantwortet werden. Das setzt nicht nur eine genaue Beobachtung des jeweiligen Pferdes voraus, sondern auch die Bereitschaft, gegebenenfalls auf Sieg oder Plazierung zu verzichten. Akute Krankheiten und schmerzhafte Prozesse können ein Pferd ebenfalls in einen Zustand völliger Erschöpfung bringen. Dies gilt auch für längeres Festliegen mit zahlreichen erfolglosen Aufstehversuchen.

Da Pferde enorme physiologische Leistungsreserven haben und als Fluchttiere leicht zur Selbstüberforderung neigen, treten Erschöpfungszustände oft erst spät, dann aber dramatisch zutage. Dies gilt besonders für sensible, leistungswillige Charaktere.

Legen sich Pferde trotz unruhiger Umgebung oder im laufenden Wettbewerb hin, ist dies in der Regel kein Anzeichen von Ausgeglichenheit, sondern kann ein Frühsymptom des energetischen Offenbarungseides sein.

Wenn der Reiter sofort und richtig reagiert, kann er das Problem abfangen. Trotzdem kann kaum einer Störung so gut vorgebeugt werden wie der reiterlichen Überforderung.

Verwechslung: **Mit Hitzschlag (s. S. 134 f.), Dehydratation (s. S. 122 f.) und Fieber (s. S. 130 f.).**

MASSNAHMEN

- Jede Arbeit mit dem Pferd sofort einstellen.
- Belastende Situationen, besonders Transporte bei großer Hitze, bis zur Regeneration des Patienten aufschieben.
- Liegende Pferde treibt man nicht auf, sondern läßt sie völlig in Ruhe.
- Temperaturneutrale Umgebung: im Sommer schattig, im Winter eingedeckt.
- Liegt der Puls trotz Ruhe noch deutlich (um etwa 20 bis 30 Schläge) über dem Normalwert (maximal 40/Minute), muß der Tierarzt sofort benachrichtigt werden!

WAS BRAUCHE ICH?

- Stethoskop

SYMPTOME

- **Sachtes Auftreiben oder Wegführen der Artgenossen veranlassen das Pferd nicht zum Aufstehen**
- **Offensichtlich ist es so schwach, daß es keine Aufstehversuche mehr unternimmt**
- **Vorliegen weiterer krankheitsspezifischer Symptome**

VERDACHT

Festliegen

Das Festliegen kann verschiedene Ursachen haben. Zumeist ist damit gemeint, daß sich das Pferd durch ungeschicktes Wälzen so in eine Ecke oder einen Winkel der Box plaziert hat, daß es aus eigener Kraft nicht mehr aufstehen kann.

Gelegentlich stürzen Pferde auch bei Ausritten in Geländevertiefungen und sind dann darin gefangen. Auch dies stellt eine Form des Festliegens dar.

Trotzdem sollte immer in Betracht gezogen werden, daß eine akute Krankheit, beispielsweise Hufrehe (s. S. 72 f.), Kreuzverschlag (s. S. 56 f.), Wundstarrkrampf (Tetanus, s. S. 136 f.) oder ein Knochenbruch (s. S. 74 f.) die Ursache sein kann.

Bei hohem Fieber (s. S. 130 f.), Hitzschlag (s. S. 134 f.) und bestimmten Kolikformen (s. S. 54 f.) sind Pferde oftmals so schwach, daß sie nicht mehr stehen wollen oder können.

Vor übereilten Aktionen ist daher zu warnen. Die unüberlegte Benutzung von Traktoren mit Frontladern oder gar einem Kran kann für das Pferd gefährlich werden, wenn es in Panik gerät, gravierende Verletzungen erlitten hat oder zu schmale Tragegurte an den falschen Stellen des Körpers angelegt werden.

Man untersucht die Lage zunächst genauer und ruft im Zweifelsfall sofort den Tierarzt herbei. Aufstehversuche dürfen das Pferd nicht beunruhigen. Nie treibt man ein Pferd mit Gewalt auf.

Bei der Rettung eines festliegenden Pferdes ist immer mit heftigen und schnellen Bewegungen, vor allem der Beine, zu rechnen. Daher sind die Sicherheitsbelange der Helfer in den Vordergrund zu stellen: keine Einengung zwischen Wand und Pferd, nicht in den Schlagbereich der Beine treten, alle Helfer müssen ausweichen können.

Verwechslung: **Nur bei den Ursachen für das Festliegen möglich; auf jeden Fall abchecken.**

MASSNAHMEN

- Steht ein Pferd trotz genügenden Platzangebotes auf der Weide, im Auslauf oder in der Mitte der Box auch auf sanftes Antreiben hin nicht auf, Tierarzt unabhängig von weiteren Symptomen verständigen. Pferd liegenlassen!
- Bei Festliegen in einem Winkel der Box zunächst genügend Helfer holen.
- Dann die Beine angewinkelt unter den Körper des Pferdes sortieren.
- Aufstehhilfen nur durch breite Gurte geben, und zwar immer indirekt von außen durch die Gitterstäbe der Box. Das gilt auch für eine abstützende Zughilfe am Kopf.
- Bei mehreren erfolglosen Versuchen, bei extrem erregten oder erschöpften Pferden Aktion abbrechen, bis weitere Hilfe da ist.
- Wenn das Pferd steht, wird es auf Schäden untersucht. Nachuntersuchung durch den Tierarzt ist bei stundenlangem Festliegen wegen der Druckstellen und Nervenquetschungen immer erforderlich.
- Ist ein Huf in den Gitterstäben eingeklemmt, kann das Metall mit Schneidemaschinen zersägt werden. Das Pferd wird den Lärm durch den schon vorhandenen Streß nicht registrieren.
- Beim Festliegen in Geländevertiefungen versucht man, dem Pferd nach vorne einen Ausstieg zu graben oder die Vertiefung mit Erde oder anderem geeigneten Material so auszufüllen, daß das Pferd hinausspringen kann.
- Müssen im schlimmsten Fall Kräne oder anderes Gerät eingesetzt werden, sollte der Patient vorher vom Tierarzt untersucht und medikamentös beruhigt werden, um das Risiko für Panikreaktionen zu verringern.
- Etwaige Wunden mit entsprechenden Verbänden versorgen, beruhigend auf das Pferd einwirken.

WAS BRAUCHE ICH?

- Mehrere zuverlässige Helfer
- breite Gurte
- Decken
- ggf. Verbandstoffe

SYMPTOME

- Allgemeinbefinden gestört, müde, abgeschlagen
- Futterverweigerung oder zögerndes Fressen
- Blick erscheint abwesend, Bewegungen gedämpft, Interesse für die Umwelt gering
- Ohren, Maul, Nüstern, Hufe und Haut im Kruppenbereich unregelmäßig warm, teilweise deutlich kühler als normal
- Später Anstieg von Herz- und Atemfrequenz

VERDACHT

Fieber

Fieber, das heißt, eine von der Norm nach oben hin abweichende Körpertemperatur, ist die typische Begleiterscheinung der meisten Infektionskrankheiten, besonders im Bereich der Atemwege. Aber auch viele andere Krankheitsbilder, einschließlich bestimmter Kolikformen, können mit Fieber in Erscheinung treten.

Fieber ist ein unverzichtbares und physiologisch sinnvolles Mittel der Körperabwehr. In gewissen Grenzen sollte es also nicht symptomatisch bekämpft werden. Trotzdem kann die Temperaturerhöhung in gefährliche Bereiche überschießen. Die Entscheidung über die Vorgehensweise kann nur der Tierarzt treffen.

Die normale Körpertemperatur kann bei Pferden unterschiedlich sein. Daher empfiehlt es sich sehr, durch mehrere Messungen in gesunden Zeiten den individuellen Normalwert zu ermitteln. Der Verdacht auf eine nur geringgradige Temperaturerhöhung erfordert vom Pferdehalter Erfahrung und ein geschultes, sensibles Auge. Nach anstrengender Arbeit, besonders bei hohen Außentemperaturen, kann der Temperaturwert um ein bis 1,5 Grad Celsius ansteigen. Dies ist normal und sollte bei Temperaturmessungen berücksichtigt werden.

Achtung! **Futterverweigerung oder zögerndes Fressen treten bei geringgradiger Temperaturerhöhung nicht unbedingt auf. Temperamentvolle Pferde überspielen die ersten Anzeichen oft.**

Verwechslung: **Durch einfache Temperaturmessung läßt sich der Verdacht bestätigen. Fieber ist ein unspezifisches Symptom für verschiedenste, zumeist infektiöse Krankheiten. Sehr hohes Fieber kann zum Problem an sich werden.**

Vorsicht! **Eine Temperaturerhöhung kann bei körperlicher Belastung auf einen beginnenden Hitzschlag (s. S. 134 f.) und konditionelle Überforderung hindeuten.**

MASSNAHMEN

- Beim geringsten Verdacht auf Fieber mehrfache Messung mit bruchsicherem Digitalthermometer im After des Pferdes.
- Thermometer so weit wie möglich einschieben, bei der Messung neben, nicht hinter dem Pferd stehen.
- Aufgrund der vielfältigen Ursachen ist jedes fiebernde Pferd tierärztlich zu untersuchen:
- Bei Fieber über 39,0 Grad Celsius umgehend,
- unterhalb dieser Marke zumindest noch am selben Tag.
- Bei weiteren Symptomen, etwa kolikartigen Schmerzen oder Lahmheit, muß der Tierarzt auch bei geringstem Fieber sofort verständigt werden.
- Bis dahin den Patienten ruhig und trocken unterstellen. Bei praller Sonne für Schatten sorgen, bei Wind und Kälte eindecken.
- Es darf nicht passieren, daß ein fieberndes Pferd versehentlich geritten wird!

WAS BRAUCHE ICH?

- Fieberthermometer

Normaltemperatur:

Erwachsene Pferde:
37,0–38,0 °C
Fohlen: 37,5–38,5 °C

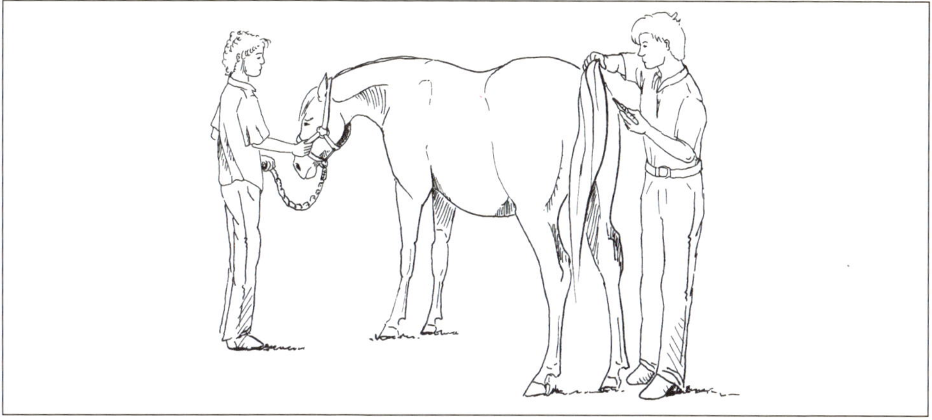

Ist ein Pferd ohne Grund schlapp und lustlos, sollte man unbedingt die Körpertemperatur messen. Dazu steht man neben, nicht hinter dem Pferd.

SYMPTOME

- Kein Interesse am Kraftfutter. Heu, Gras oder Saftfutter werden noch zögerlich gefressen
- Völlige Futterverweigerung meist mit weiteren Symptomen: Teilnahmslosigkeit, Fieber
- Einzelne Futtermittel werden verschmäht, während das Pferd ansonsten normal frißt

VERDACHT

Futterverweigerung

Die völlige oder teilweise Verweigerung der Futteraufnahme kann bei Pferden verschiedene Ursachen haben.

Bei sensiblen Tieren ist sie die Reaktion auf verschiedene Stressoren, auf Unruhe, Umstellungen, Wassermangel oder unbekanntes Futter. Die Verweigerung einzelner Futtermittel kann auf deren mangelnde hygienische Qualität hindeuten: Verschimmelt, verheft, vergoren, mit Fremdstoffen kontaminiert. Bei Pellets oder Ergänzungsfuttermitteln sind Fehlmischungen möglich, die bitter oder ungewohnt schmecken. Enthält das Heu bestimmte Kräuter mit strengem Geschmack, so werden oft einzelne Ballen von den Pferden gefressen, während sie andere verweigern.

Natürlich kann eine Verletzung oder ein anderer schmerzhafter Prozeß in der Maulhöhle, insbesondere an Zunge und Zähnen, vorliegen. Dann zeigt das Pferd lebhaftes Interesse am Futter, ohne es jedoch wirklich zu fressen. Zu den Ursachen gehören auch scharfe Kanten an den Backenzähnen (Haken). Bei jeder Impfung sollte man daher das Gebiß zugleich kontrollieren lassen. Denkbar sind ferner Verletzungen durch ausgeleierte Trensengebisse. Eine Kontrolle des Zaumzeugs kann sinnvoll sein.

In allen übrigen Fällen ist Futterverweigerung jedoch immer ein Symptom für eine Störung des Allgemeinbefindens, etwa Infektionen, Fieber oder Koliken, deren Ursache es zügig abzuklären gilt.

Häufige nervös bedingte Appetitlosigkeit sollte zum Anlaß genommen werden, Haltung, Fütterung und Leistungsanforderungen kritisch zu überprüfen. Sie ist immer ein Zeichen dafür, daß es dem Pferd psychisch und physisch nicht gut geht.

Verwechslung: **Im einzelnen ist bei den entsprechenden Krankheiten nachzusehen, besonders Kolik (s. S. 54 f.), Schlundverstopfung (s. S. 48 f.), Druse (s. S. 124 f.) und Fieber (s. S. 130 f.).**

MASSNAHMEN

- Sicherheitshalber Körpertemperatur messen (maximal 38,0 Grad Celsius).
- Ist das Verhalten ganz offenbar psychisch begründet, bessert sich die teilweise Futterverweigerung nach Normalisierung der Umstände von selbst.
- Bei völliger Futterverweigerung, erkennbaren organischen Ursachen (Fieber) und insbesondere bei unklaren sonstigen Symptomen ist eine tierärztliche Untersuchung umgehend erforderlich.
- Futterverweigerung kann auf ernsthafte Krankheiten hinweisen und ist fast immer eines der Frühsymptome von Koliken und Infektionen.

WAS BRAUCHE ICH?

- Fieberthermometer

SYMPTOME

- **Unsicherer Gang, Taumeln, Schwanken**
- **Zuerst verschwitzt, später trocken**
- **Temperatur stark erhöht, bis 43,0 Grad Celsius**
- **Puls und Atmung hoch, Apathie, Ängstlichkeit**

VERDACHT

Hitzschlag

Hitzschlag wird genauer als akute Wärmestauung bezeichnet. Das Pferd ist durch feuchtheißes Wetter, Konditionsmängel oder mangelndes Tränken nicht mehr in der Lage, genug Wärme abzuführen. Der Körper überhitzt sich, zusätzlich sind die zentralnervöse Regelung der Körpertemperatur sowie die Blutverteilung gestört. Das Blut versackt in den großen Gefäßnetzen unterhalb der Haut und steht den lebenswichtigen Organen nicht mehr zur Verfügung mit Ausnahme des Gehirns, in welchem ein übermäßiger Blutandrang herrscht. Die Sauerstoffversorgung kommt zum Erliegen.

Typische Situationen sind Military- oder Distanzritte, besonders bei sommerlichen Temperaturen, und überhitzte Hänger oder Stallzelte. Dehydrierte (stark mit Wasser unterversorgte, ausgetrocknete) Pferde neigen besonders zu einer Wärmestauung. Der vorsichtige Reiter achtet daher in den Reitpausen, vor allem bei einem Wettbewerb, auf eine ausreichende Wasseraufnahme seines Pferdes.

Als Futter empfehlen sich Gras, Mash, Möhren, Äpfel und Rüben. Die Gabe konzentrierter Futtermittel ist hingegen während des Wettkampfs problematisch, ebenso wie die Verabreichung konzentrierter Elektrolytmischungen ohne gleichzeitiges Wasserangebot.

Bei einem **Sonnenstich** dagegen wird nur das Gehirn durch starke Sonneneinstrahlung überhitzt, beispielsweise bei längerem Angebundensein in praller Sonne. Dies führt zu einem Versagen lebenswichtiger Regelkreise. Pferde mit Sonnenstich haben eine kühle Körperoberfläche. In Mitteleuropa sind solch extreme Sonneneinstrahlungen ungewöhnlich, und ein Sonnenstich bei Pferden ist daher sehr selten.

Verwechslung: **Mit allen schweren Störungen des Allgemeinbefindens, tritt oft in Zusammenhang mit Erschöpfung (s. S. 126 f.) und Dehydratation (s. S. 122 f.) auf.**

MASSNAHMEN

- Bei Verdacht sofort Arbeit einstellen, Pferd schattig unterbringen, Tierarzt benachrichtigen.
- Großflächig mit Wasser kühlen. Am besten die Haut des Patienten dabei mit einer Bürste massieren. Durch die Kälte ziehen sich die Gefäße zusammen, das Blut fließt zurück in das Körperzentrum.
- In die Genickgegend Eispackungen bringen.
- Notfalls mit feuchter Erde kühlen.
- Liegende Pferde nicht auftreiben! Im Liegen ist der Kreislauf entlastet.

SYMPTOME

- Krämpfe der Körpermuskulatur, typische sägebockartige Stellung, besonders bei Fohlen häufig mit abstehendem Schweif
- Später Festliegen und Rudern mit steif weggestreckten Beinen
- Drittes Augenlid vorgefallen, manchmal starkes Speicheln
- Nüstern steif aufgerissen, Ohren nach hinten gezogen
- Das Gesicht drückt Angst aus
- Schweißausbruch, erhöhte Herzfrequenz (über 40–60 Schläge/Minute)

VERDACHT

Tetanus

Tetanus (Wundstarrkrampf) ist die Folge einer Wundinfektion. Der Erreger setzt am Infektions- und Vermehrungsort Giftstoffe frei, die auf dem Blutweg verschleppt werden. An den Nervenzellen werden Schaltstellen (Synapsen) besetzt; dadurch wird eine mit heftigen Krämpfen einhergehende Krankheit hervorgerufen. Sie bedeutet für die betroffenen Pferde schwere Leiden und in etwa 50 bis 70 % aller Fälle einen qualvollen Tod.

Die Krankheit tritt erst dann in Erscheinung, wenn der Erreger schon große Mengen der Giftstoffe gebildet hat. Diese können therapeutisch nicht mehr von den Schaltstellen der Nervenzellen entfernt werden. Statt dessen versucht man, das Pferd durch eine entsprechende symptomatische Therapie so lange zu stabilisieren, bis sich die Giftstoffe von selbst abgebaut haben.

Die ab dem vierten Lebensmonat durchführbare Impfung sollte für jedes Pferd absolut verbindlich sein, zumal sie auch gut verträglich und preiswert ist. Fohlen von durchgeimpften Stuten sind bis zu dem vorgenannten Alter durch Antikörper geschützt. Dieser Schutz ist aber von der sechsten bis zur zwölften Woche nur unvollständig. Er läßt sich durch eine außerplanmäßige Tetanus-Auffrischungsimpfung der Stute etwa vier bis acht Wochen vor der Geburt erhöhen. Außerdem plädieren einige Hochschulen dafür, Fohlen bereits im Alter von vier bis sechs Wochen die erste aktive Impfung zu geben.

Der Erreger des Wundstarrkrampfes vermehrt sich in höhlenartigen und Stichwunden ohne Luftzutritt. Gefährlich sind daher bereits kleinste, oft unerkannte Verletzungen, besonders an den Beinen und Hufen.

Verwechslung: **Das Krankheitsbild ist dramatisch und wird daher jeden Pferdehalter zu einem sofortigen Anruf bei seinem Tierarzt veranlassen.**

MASSNAHMEN

- Bereits der geringste Verdacht bedeutet einen absoluten Notfall. Tierarzt sofort verständigen.
- Es ist sehr behutsam vorzugehen, da die betroffenen Pferde jede Erregung, sogar Berührungen und laute Geräusche, mit heftigen Krämpfen beantworten.
- Wenn möglich, kann man sie vorsichtig in einen abgedunkelten, ruhigen Stall bringen. Dies muß unbedingt ohne jede Hektik geschehen, unter Umständen mit kleinen Pausen nach wenigen Schritten.
- Diese Maßnahme ist aber bis zum Eintreffen des Tierarztes aufzuschieben, wenn der Patient mit Krämpfen reagiert.
- Auch bei kleinen Wunden, vor allem im Beinbereich, den Tetanus-Impfschutz sofort prüfen, Patient gegebenenfalls vorübergehend mit Serum schützen.

Impfschema Tetanus

Grundimmunisierung:
Zweimal im Abstand von vier bis sechs Wochen, dann nach einem Jahr
Auffrischungsimpfungen:
Alle zwei Jahre

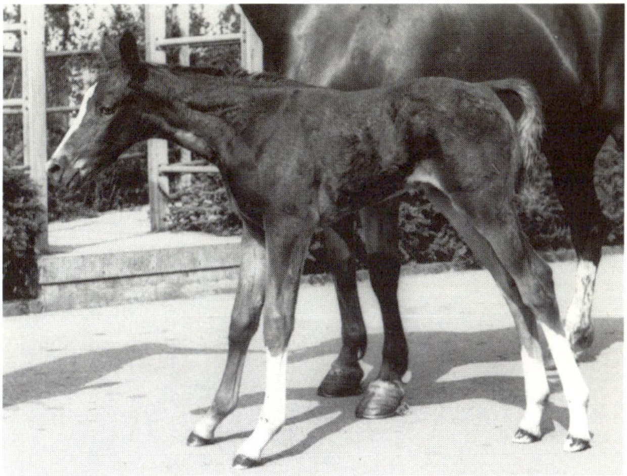

Fohlen mit Tetanus: Sägebockartige Stellung, Hals steif, Schweif abgestreckt. Ein völlig unnötiges Leiden! Korrekte Impfung der Mutterstute schützt auch das Neugeborene über die Antikörper in der Milch, bis das Fohlen im vierten Lebensmonat selbt immunisiert werden kann.

SYMPTOME

- **Hundebißähnliche Wunden an Beinen, Lippe und Nüstern**
- **Juckreiz an der Bißstelle, Fieber**
- **Schreckhafte Erregbarkeit, Unruhe**
- **Krämpfe der Kau-, Gesichts- und Atemmuskulatur, Speicheln, Schluckbeschwerden, Abneigung gegen Wasser, Verschlucken abartiger Gegenstände**
- **Typisch: heiseres Wiehern durch Stimmbandlähmung**
- **Tod nach zwei bis sieben Tagen**

VERDACHT

Tollwut

Tollwut ist für Mensch und Tier infektiös, bei Ausbruch immer tödlich. Obwohl das Pferd im Gegensatz zu Wildtieren, Hunden und Katzen als schlechter Überträger gilt, verbietet sich daher jede Leichtfertigkeit.

Neben Bissen von tollwutkranken Tieren wird auch eine Übertragung durch Wunden, Verschlucken von Speichel und über die Bindehäute des Auges vermutet. Daher auch hier größte Vorsicht.

Impfungen sollten für Weidepferde selbstverständlich sein, auch in Bezirken, die zur Zeit noch als frei von Wildtiertollwut gelten. (Der Fuchs ist meist schneller als das amtliche Mitteilungsorgan!)

Auch für Pferde mit nur sporadischem Freigang oder Kontakt zu Stallhunden und -katzen mit zweifelhaftem Impfstatus ist ein Restrisiko vorhanden. Dieses sollte ausgeschlossen werden: Der Impfstoff ist gut verträglich und billig.

Im Gegensatz zu Wildtieren, Hunden und Katzen zeigen Pferde zumeist die sogenannte Stille Wut mit abgestumpftem Verhalten und apathischem Gesichtsausdruck. Aggressionen gegen Tiere und Menschen sind dagegen selten. Der Tod tritt unter Lähmungen und Festliegen etwa zwei bis sieben Tage nach den ersten Symptomen ein.

Bei Erkrankung oder Ansteckungsverdacht werden nicht geimpfte Tiere von der Veterinärbehörde beschlagnahmt und nach Lage der Dinge entweder unter Isolation beobachtet oder sofort getötet. Therapieversuche sind verboten.

Bei Menschen löst der Infektionsverdacht einen Wettlauf gegen die Zeit mit der Gabe von Serum oder einer Schnellimmunisierung aus.

Verwechslung: **Am Anfang mit anderen Infektionskrankheiten. Häufig denkt man auch zuerst an kolikartige Symptome (s. S. 54 f.).**

MASSNAHMEN

- Im Verdachtsfall Tierarzt und Veterinärbehörde oder Ordnungsamt sofort benachrichtigen.
- Das verdächtige Pferd, alle Kontakttiere und mit Speichel in Berührung gekommene Gegenstände werden nicht mehr angefaßt.
- Besteht der Verdacht, daß Menschen infiziert wurden, sind die Personen sofort, auch am Wochenende, zu benachrichtigen. Dies gilt auch für die Besitzer von möglicherweise infizierten Kontakttieren.
- Der Arzt entscheidet nach Lage der Dinge, ob eine Intensivprophylaxe einzuleiten ist.

Impfschema Tollwut

Grundimmunisierung:
entfällt, einmalige Injektion bewirkt nach etwa 30 Tagen eine belastbare Immunität
Auffrischungsimpfungen:
jährlich einmal

Symptome

- **Charakteristisch ist deren Uneindeutigkeit:**
- **Schweißausbruch, Unruhe, Kolik**
- **Krämpfe, schwankender Gang, hoher Puls, Kreislaufversagen**
- **Apathie, Durchfall, Atemnot, blutiger Kot, Nasenbluten**

Verdacht

Vergiftung

Vergiftungen sind bei Pferden insgesamt eine seltenere Erscheinung. Die häufigste Ursache sind pflanzliche Vergiftungen durch Alkaloide, Glykoside, Thiaminasen, Stickstoffverbindungen und ätherische Öle. Das Überprüfen der Weide und aller Anbindeplätze unterwegs auf Giftpflanzen ist ratsam. Typische Vergiftungen geschehen bei Pferden durch: Eibe, Goldregen, Buchsbaum, Oleander, Tollkirsche, Lebensbaum, Herbstzeitlose und Robinie. Anhand einschlägiger Bestimmungsbücher sollte man sich ausgiebig über weitere Giftpflanzen informieren. Wichtig ist vor allem, die jeweiligen Pflanzen auch ohne Laub und Blüten im Winter unterscheiden zu können.

Man verlasse sich nicht auf den natürlichen Instinkt der Pferde, solche Pflanzen zu meiden. Auch die ansonsten so naturnahen Islandpferde sind bei Heufutterung im Winter schon den Verlockungen eines saftigen Eibenzweiges erlegen – ein Irrtum mit tödlichen Folgen.

Vergiftungen durch Insektizide und Rodentizide (Nagergifte) kommen ebenfalls vor: chlorierte Kohlenwasserstoffe, Organophosphate, Metaldehyd und, bei uns am wahrscheinlichsten, Cumarin (Nagergift), von dem allerdings recht große Mengen aufgenommen werden müssen, bevor eine Gefahr entsteht.

Akute Schwermetallvergiftungen durch Blei, Kadmium und Quecksilber aus chemischen Produkten und Farben sind selten. Eine chronische Dioxinvergiftung ist bei der Verwendung von Altöl als Holzschutzmittel beobachtet worden. Auch aus ökologischen Gründen ist Altöl kein geeigneter Zaunanstrich.

Verwechslung: **Wegen der Uneindeutigkeit der Symptome sind keine konkreten Krankheiten anzugeben. Ist nach den Umständen eine Vergiftung auch nur denkbar, muß man noch schneller Hilfe organisieren.**

MASSNAHMEN

- Nicht möglich, nur bei Kontaktgiften (Öle) auf der Haut intensives Waschen.
- Vorbeugend in weich eingestreute Box stellen, nur Wasser anbieten.
- Bis zum Eintreffen des Tierarztes Giftquelle sondieren, Packungszettel aufheben, Giftzentrale anrufen.
- Überlegen: Hatte das Tier Zugang zu Sträuchern? Holzschutzmitteln? Dünger, Pflanzenschutzmitteln? Trinkwasserquelle?
- Weitere Pferde schützen!

Diese prächtige Eibenhecke brachte bereits zwei Pferde um: 300 Gramm Nadeln sind tödlich, Hilfe kommt fast immer zu spät. Daher: Pferde durch zusätzlichen E-Zaun auf Abstand halten oder besser grundsätzlich keine giftige Begrünung im Pferdebereich dulden.

BÜCHER ZUM THEMA

Bücher zum Thema
Beech, J. (1991): Equine Respiratory Disorders; Verlag Lea & Febiger, Malvern, PA
Dietz, O. und E. Wiesner (1982): Handbuch der Pferdekrankheiten für Wissenschaft und Praxis; Verlag Karger, Basel, München
Engelmann, U. (1994): Welche Haltung für mein Pferd? Franckh-Kosmos Verlag, Stuttgart
Gerber, H. (1994): Pferdekrankheiten. Verlag Ulmer, Stuttgart, Bd. 1
Gerweck, G. (1995): So bleibt Ihr Pferd gesund und vital; Franckh-Kosmos Verlag, Stuttgart
Hertsch, B. (1992): Anatomie des Pferdes; FN-Verlag, Warendorf
Hölzel, P. und W. (1984): Sicher Reiten; Franckh-Kosmos Verlag, Stuttgart
Junge, M. (1993): Pferde hinterm Haus; Franckh-Kosmos Verlag, Stuttgart
Kaspar, A. (1994): Hufkurs für Reiter; Franckh-Kosmos Verlag, Stuttgart
Körber, H.-D. (1989): Huf, Hufbeschlag, Hufkrankheiten, Franckh-Kosmos Verlag, Stuttgart
Meyer, H. (1982): Pferdefütterung; Verlag Paul Parey, Hamburg, München
Pavord, T. (1993): Pferdekrankheiten; Franckh-Kosmos Verlag, Stuttgart
Pick, M. (1989): Neues Handbuch der Pferdekrankheiten; Franckh-Kosmos Verlag, Stuttgart
Pirkelmann, H. (1991): Pferdehaltung; Verlag Ulmer, Stuttgart
Rossdale, P. (1994): Pferdezucht; Franckh-Kosmos Verlag, Stuttgart
Stashak, T. S. (1989): Adam's Lahmheiten bei Pferden; Verlag Schaper, Hannover
Stashak, T. S. (1992): Wundbehandlung bei Pferden; Verlag Schaper, Hannover
Tellington-Jones, L. (1993): Der neue Weg im Umgang mit Tieren; Franckh-Kosmos Verlag, Stuttgart
White, A.: Equine Acute Abdomen; Verlag Lea & Febiger, Malvern, PA
Wintzer, H. J. (1982): Krankheiten des Pferdes; Verlag Paul Parey, Berlin, Hamburg

Ich bedanke mich herzlich:
Für wissenschaftliche Beratung: bei Dr. med. vet. Bettina Wollanke und Prof. Dr. med. vet. Hartmut Gerhards; **juristische Beratung zu Rechtsfolgen der Ersten Hilfe:** Rechtsanwalt Eberhard Fellmer; **Empfehlungen zur Ersten Hilfe bei Menschen:** Dr. rer. nat. Iris Eisenbeiser-Engelbrecht.

Für Fotos und grafische Darstellungen: bei Prof. Dr. Heinz Gerber, Klinik für Nutztiere und Pferde, Abt. für Radiologie, Bern (S. 74, 99, 125, 137), Dr. Marco Hermann, CH-Niederlenz (S. 59), Ina Kaufmann, Braunschweig (S. 20, 37, 69, 79, 93, 123, 141), Prof. Dr. Helmut Meyer, Institut für Tierernährung der Tierärztlichen Hochschule Hannover (S. 55), Erika E. Müller, Bonn (S. 87), Prof. Dr. Bernhard M. Spieß (Abt. für Veterinär-Ophthalmologie) und Dr. Anton Fürst, Veterinär-Chirurgische Klinik der Universität Zürich, (S. 33, 35, 39, 72, 74), Susanne Uelhoff, Vöhl (S. 83). Die Fotos auf S. 23 und 53 stammen vom Autor.

Für Illustrationen: bei Silke Ehrenberger, Dossenheim.

Für Korrekturen: bei Katrin Klärding, München.

Besonders bedanke ich mich bei meiner **Lektorin** Sigrid Eicher, München, für die Gliederung des Werkes sowie die kompetente, freundliche und humorvolle Betreuung.

REGISTER

REGISTER